青花瓷海报

MP3包装盒

片

U0131721

情人节贺卡

啤酒广告宣传单

尼康数码相机网页横幅广告

售楼部封套

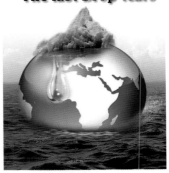

最后一滴泪
The last Drop tears

低碳公益海报

浪漫婚纱影楼海报

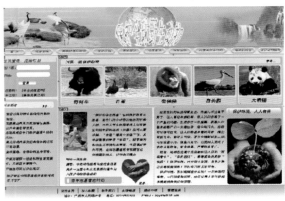

保护野生动物网页主界面

主卧室效果后期处理与设计

江山花园宣传册内页

Photoshop CS3 案例教程

主　编　王玉贤

副主编　姜　博　崔　炜　胡开明

参　编　李媛媛　周宁丽　王　影

　　　　陈素燕　张佩强　邹臣嵩

机械工业出版社

本书以 Photoshop CS3 中文版为工具,从专项岗位需求出发,按职场设计了五步规律,精心设计了 24 个典型项目案例供读者学习与借鉴。内容涵盖了海报、产品广告设计、封面、网页界面设计、封套设计、效果图后期处理、包装设计、贺卡名片设计、易拉宝等多方面内容。

本书讲解由浅入深、内容丰富、实例新颖、实用性强,在写作方式上注重理实一体化,每一个案例都有详细的操作步骤,即使没有 Photoshop 基础的读者,也可以一步一步地完成操作,并融会贯通,从而提高自己的 Photoshop 水平。

本书可作为各类院校和培训班的艺术或平面设计专业教材,也可作为产品造型效果图设计从业者自学用书,同时还适合图形图像处理爱好者自学使用。

为方便教学,本套教材专门配备了 Power Point (PPT)形式的配套教学课件,可供广大教师选用。下载地址:http://www.cmpedu.com。

图书在版编目(CIP)数据

Photoshop CS3 案例教程 / 王玉贤主编.—北京:机械工业出版社,2011.12
ISBN 978-7-111-36380-4

Ⅰ.①P… Ⅱ.①王… Ⅲ.①图象处理软件,Photoshop CS3 -教材
Ⅳ.①TP391.41

中国版本图书馆 CIP 数据核字(2011)第 227742 号

机械工业出版社(北京市百万庄大街22号 邮政编码 100037)
策划编辑:郎　峰　责任编辑:郎　峰
版式设计:张世琴　责任校对:刘　岚
封面设计:马精明　责任印制:乔　宇
北京汇林印务有限公司印刷
2012 年 1 月第 1 版第 1 次印刷
184mm×260mm　16.5 印张·2 插页·404 千字
0001—3000 册
标准书号:ISBN 978-7-111-36380-4
　　　　ISBN 978-7-89433-275-2(光盘)
定价:39.80 元(含 DVD)

前　　言

Photoshop 是 Adobe 公司推出的一套专业化图形图像处理软件,也是目前绝大多数广告、出版、软件公司首选的平面设计工具。其应用领域涉及图形绘制、文字设计、图像艺术设计、海报设计、产品包装设计、网页设计、书籍封面设计、室内效果后期处理等。

由于 Photoshop 易学易用,功能强大,能把设计者创意轻松地表现出来,所以成为平面设计爱好者的最爱。但学习技巧是有捷径的,当你光捧着一本教程看不懂时,那就动起手来,按职场设计五步规律,从专项岗位需求案例出发,了解岗位情景、熟悉操作过程、掌握工具使用、完成岗位技能需求,从而最快地成为合格的平面设计人员。本书特色主要体现在以下几方面:

1. 完善的知识体系

本书根据 Photoshop 知识结构特点共分为四个模块。模块一图像编辑,主要内容为文件的基本操作和工具的使用,主要功能是完成对图像做各种变换及复制、去除斑点、修补图像的残损等;模块二为图像合成,主要内容为多幅图像通过图层、通道等操作,最终完成图像的合成、移植和嫁接,达到完美效果;模块三为校色调色,主要内容为对图像颜色进行明暗、色彩的调整和校正,也可在不同颜色间进行切换以满足图像在不同领域的应用;模块四为特效制作,主要内容为滤镜、蒙版、通道的综合应用,最终完成图片、文字等艺术效果的设计。

2. 专业的实例安排

本书根据岗位技能需求分析和岗位研究方向共设计了 24 个项目案例,并以任务驱动和职场五步教学法完成设计,步骤详细,艺术效果突出。

其中每个案例最后都配有全套素材的参考案例,供学生练习使用。

3. 全面的技能训练

通过对本书精选案例的设计及对知识链接部分的细致学习,使学者能够掌握 Photoshop CS3 的基础知识,能够完成对海报、名片、各类广告、封面、LOGO、贺卡、封套等案例的设计,从而进一步掌握平面类职场岗位设计需求及技能需求。

本书配有全套课件、素材、效果光盘。旨在向大家奉献一本有特色、有指导、实用性强的案例教程。

本书由王玉贤主编,姜博、崔炜、胡开明任副主编。模块一由周宁丽、胡开明编写,模块二由王玉贤、王影编写,模块三由姜博、陈素燕、邹臣嵩编写,模块四由崔炜、李媛媛、张佩强编写,全书由王玉贤负责统稿,胡开明负责审稿。由于水平有限,书中有不妥之处,欢迎广大读者朋友批评指正。联系方式:E-mail:xian20002006@126.com,也可使用 QQ 在线交流,QQ:34787523。

编　者

目　　录

模块一 图像编辑(图形的绘制与编辑)

案例一 啤酒广告宣传单设计

【案例分析】

当今社会,啤酒有时也是沟通交流的一种载体,消费者饮用啤酒往往与聚会、交往、应酬联系在一起,在这种特定的场合下啤酒的角色往往是烘托气氛的助推器。雪花啤酒作为中国最大的啤酒酿造企业之一,它以清新、淡爽的口感,健康、活力的形象一直受到全国消费者的喜爱。本案例通过特效背景的设计,商标符号的搭配,主题啤酒的突现,使整个画面呈现出远、中、近的空间层次感,主体文字"心情的释放"采用亮丽的黄色,并配以燃放的效果,给人一种轻松自在、富有朝气的感觉。

【任务设计】

任务1 清爽背景合成效果设计。

任务2 修饰文本编辑。

【完成任务】

任务1 清爽背景合成效果设计

1. 新建一个500像素×800像素,分辨率为150像素/英寸,颜色模式为RGB颜色、8位,背景内容为白色的空白文件,如图1-1-1所示。单击【文件】→【保存】命令,保存文件名为"啤酒广告宣传单设计 . psd"。

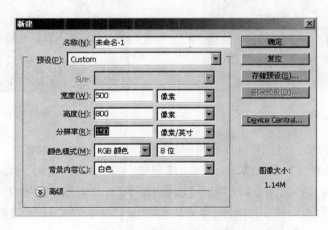

图1-1-1 新建文件对话框

2. 设置【前景色】为"R:0、G:95、B:20",选择【🪣油漆桶工具】,在背景上单击填充,如图1-1-2所示。

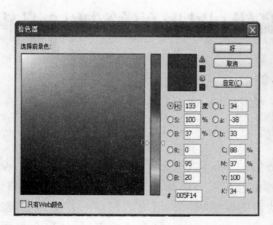

图 1-1-2 填充背景色

3. 打开本案例【素材】→【1-1a.jpg】,按【Ctrl＋A】键全选,按【Ctrl＋C】键复制素材图片,回到主文档,用【矩形选框工具】,画出如图 1-1-3 所示选区。选择【编辑】→【粘贴】命令,按【Ctrl＋T】键,执行【自由变换】命令,调整素材图片的大小和位置,效果如图 1-1-4 所示。

图 1-1-3 选择区域   图 1-1-4 调整后效果

4. 单击【图层】面板,将【图层 1】的混合模式改为"亮度",效果如图 1-1-5 所示。

5. 打开本案例【素材】→【1-1b.jpg】,单击【魔棒 ✕ 】工具,在窗口上方的工具栏中将容差设置为"25",单击空白区域,单击【选择】→【反相】命令,为啤酒图片创建选区。按【Ctrl＋C】键复制,回到主文档按【Ctrl＋V】键,将图片导入背景文档中,按【Ctrl＋T】键,进入自由变换状态,将鼠标放到角点处,进行缩放和旋转,效果如图 1-1-6 所示。

6. 单击【矩形选框工具】,选中下方多出来的部分,按【Delete】键删除,效果如图 1-1-7 所示。

图 1-1-5　更改图层模式

图 1-1-6　素材【1-1b.jpg】的处理效果

图 1-1-7　编辑图片

7. 单击【图层】面板下方的【新建图层██】按钮,新建一个图层,选择【██ 矩形选框工具】,在上方属性栏中将羽化值设置为"10Px",创建如图 1-1-8 所示的区域,单击【前景色】选框,设置颜色为"R:210、G:110、B:20",选择【██ 油漆桶工具】进行填充,效果如图 1-1-9 所示。

图 1-1-8　矩形选框工具　　　　　　图 1-1-9　填充颜色

8. 单击【图层】面板,将【混合模式】设置为"正片叠底",效果如图 1-1-10 所示。

图 1-1-10　修改图层样式

9. 单击【图层】面板下方的【新建图层██】按钮,新建一图层,同样使用【矩形选框工具】,羽化值为"0Px",在上方创建矩形区域,单击【渐变工具】,颜色设置为从"前景色到透明",填充渐变色,效果如图 1-1-11 所示。单击【图层】面板,将【混合模式】设置为"溶解",效果如图 1-1-12 所示。

图 1-1-11　填充颜色　　　　　　　　　图 1-1-12　"溶解"效果

　　10. 打开本案例【素材】→【1-1c. jpg】，选择【魔棒工具】，容差值为"25"，单击白色区域，创建如图 1-1-13 所示选区。单击【选择】→【反相】命令，为图片创建选区，按【Ctrl＋C】键复制，回到主文档，按【Ctrl＋V】键粘贴，然后按【Ctrl＋T】键，通过自由变换调整到合适大小和位置。选中该图层，单击【图层】→【图层样式】→【投影】命令，为其添加投影效果，同理添加【内发光】效果，如图 1-1-14 所示。

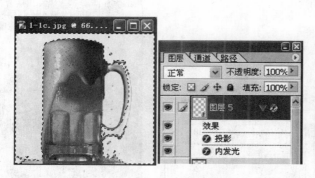

图 1-1-13　素材【1-1c. jpg】的处理效果　　　　　图 1-1-14　投影与内发光效果

　　11. 打开本案例【素材】→【1-1d. jpg】，用同样的方法将其中文字选中，并复制到主文档中，然后按【Ctrl＋T】键，通过自由变换调整合适大小并移动到右上角位置，如图 1-1-15 所示。

图 1-1-15　导入素材【1-1d.jpg】

任务 2　修饰文本编辑

1. 单击【直排文字工具】按钮，输入文字"享受"，参数设置如图 1-1-16 所示。

图 1-1-16　文本参数设置

2. 选中文字图层，单击【图层】→【图层样式】→【描边】（描边颜色为 R：230，G：255，B：0）和【投影】（混合模式为正面叠底，不透明度为 70％，距离为 5 像素，扩展 4％，大小为 7 像素）命令，效果如图 1-1-17 所示。

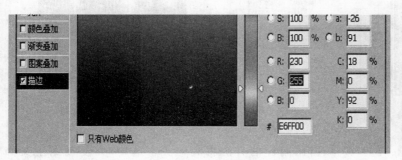

图 1-1-17　【投影】和【描边】效果

3. 用同样的方法添加文字"心情的释放"，参数如图 1-1-18 所示，并为文字添加【投影】、

【内阴影】、【外发光】、【光泽】、【描边】效果（描边颜色同上），效果如图 1-1-19 所示。

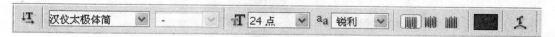

图 1-1-18　文本参数设置

图 1-1-19　添加文字"心情的释放"

4. 单击【矩形选框工具】（羽化值为 5），在如图 1-1-20 所示的区域使用渐变填充颜色（渐变设置为从黄色到透明，颜色参数同上），并设置图层样式为"溶解"，效果如图 1-1-21所示。

图 1-1-20　选取区域

图 1-1-21　"溶解"效果

5. 添加文字"成长是敢于梦想，成长是敢于改变……"，填充颜色为"R:45、G:155、B:20"，最终效果如图 1-1-22 所示。

图 1-1-22　最终效果

【知识链接】

一、图像设置

1. 更改前景色与背景色

在 Photoshop 中可以使用前景色来绘画、填充或描边,使用背景色来设置画布的背景颜色。

1)要更改前景色,单击【设置前景色】框,然后选取一种颜色,如图 1-1-23 所示。

2)要更改背景色,单击【设置背景色】框,然后选取一种颜色,如图 1-1-24 所示。

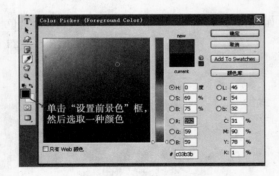

图 1-1-23　设置前景色

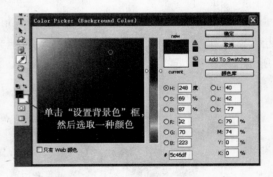

图 1-1-24　设置背景色

3)要对换前景色与背景色的颜色,单击【切换前景色和背景色】图标,如图 1-1-25 所示。

4)要恢复默认的前景色(黑色)和背景色(白色),单击【默认前景色和背景色】图标,如图 1-1-26所示。

图 1-1-25　切换前景色和背景色

图 1-1-26　默认前景色和背景色

2. 调整图像大小

在 Photoshop 中可以使用【图像大小】对话框来调整图像的大小。打开任意文件，执行【图像】→【图像大小】命令，弹出如图 1-1-27 所示的对话框。

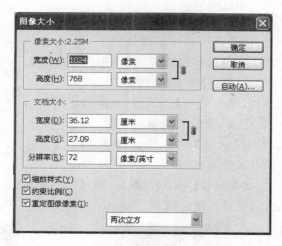

图 1-1-27　【图像大小】对话框

在该对话框中可以设置图像的像素大小、文档大小或分辨率。如果要保持当前像素宽度和高度的比例，则勾选【约束比例】复选项；如果要图层样式的效果随着图像大小的缩放而改变，请勾选【缩放样式】复选项。

◇提示：只有选择了【约束比例】复选项，【缩放样式】复选项才会处于可选择状态。

二、画布设置

使用【画布大小】命令可以添加或删除当前图像周围的工作区，还可以通过减小画布区域来裁切图像。

1）打开【素材】→【1-1e.jpg】，执行【图像】→【画布大小】命令。

2）设置【画布大小】对话框，并设置【定位】项的基准点，调整图像在新画布上的位置，参数设置如图 1-1-28，完成效果如图 1-1-29 所示。

图 1-1-28　调整画布大小

图 1-1-29　调整画布大小后的效果

三、创建选区

使用 Photoshop 处理图像,经常只需要操作图像的某一部分。那么可以考虑将这部分像素从图像中挑选出来,这就形成了选区。在创建选区之后,所有的操作和效果只针对选区起作用,而选区之外的像素将不受任何影响。

1. 选框工具组

选框工具组是一组专门用于在图像中创建规则形状选区的工具,如图 1-1-30 所示,在工具箱中单击【选框工具】或按【M】键,即可以使【选框工具】处于选中状态。

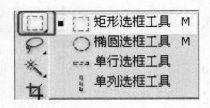

图 1-1-30 选框工具组

(1)矩形选框工具 选择【矩形选框】工具后,在图像中按下鼠标左键并拖动一段距离,然后释放鼠标左键,即可以创建一个矩形选区。打开【素材】→【1-1f.jpg】,使用【矩形选框】可以创建任意矩形选区,效果如图 1-1-31 所示;在创建矩形选区的同时,如果按住【Shift】键不放,则可以创建如图 1-1-32 所示的正方形选区;如果按住【Alt】键不放,就可以创建如图 1-1-33 所示的以起始点为中心的矩形选区。

图 1-1-31 创建矩形选区　　　图 1-1-32 创建正方形选区　　　图 1-1-33 以起始点为中心的矩形选区

(2)椭圆选框工具 【椭圆选框工具】可以在被处理的图像中创建椭圆形或圆形选区,其操作方法与【矩形选框工具】相似。

(3)单行、单列选框工具 在工具箱中选中【单行选框工具】或【单列选框工具】后,只要在图像中单击鼠标左键,即可创建一个像素宽的横行或竖行选区。在创建选区的时候,如果按住【空格】键不放,就可以移动正在创建的选区。在创建完选区之后,将鼠标移动到选区内部并拖动,同样也可以移动选区。

在工具箱中选择任一种选框工具后,在菜单栏的下方就会出现一个与之相对应的选项工具栏,如图 1-1-34 所示。左边的 4 个按钮分别表示新选区、添加到选区、从选区减去、与选区交叉 4 种模式。

图 1-1-34 选框工具的选项工具栏

(3)羽化 羽化值可以实现选区内部边界和外部边界的颜色过度。输入的值越大,所选取图像的边缘的柔和度也越大,该属性必须在选区被创建之前设置,才会产生效果。打开【素材】→【1-1g.jpg】,选择【椭圆选框工具】,设置羽化值为"50",在图像上画一椭圆,然后单击

【选择】→【反相】命令，按【Delete】删除，效果如图 1-1-35 所示。

图 1-1-35　羽化效果

2. 套索工具组

套索工具组是一组专门用于在图像中创建不规则形状选区的工具，如图 1-1-36 所示。在工具箱中单击【套索工具】或按【L】键，即可以使套索工具处于选中状态。

图 1-1-36　套索工具组

（1）套索工具　可用于在图像中创建任意形状的选区。在工具箱中选择【套索工具】，在起点按下鼠标左键，然后拖动鼠标，在终点释放鼠标，那么在图像中就会沿鼠标拖动的轨迹创建一个不规则的选区。打开【素材】→【1-1h. jpg】，使用【套索工具】绘制如图 1-1-37所示的选区。

（2）多边形套索工具　可以通过单击不同的点来创建多边形的选区。在工具箱中选择【多边形套索工具】，在图像中单击鼠标左键，拖动鼠标到另一位置，再次按键，如此下去，在终点处双击鼠标左键或当鼠标移到起点处时光标右下角出现带空心圆圈时单击鼠标左键，即可结束选区选取，这样在图像中就创建了一个以鼠标单击点为多边形顶点的多边形选区。【多边形套索工具】常常用于创建形状不规则且选区边缘是直线型的选区，打开【素材】→【1-1i. jpg】，使用【多边形套索工具】绘制如图 1-1-38 所示的选区。

图 1-1-37　使用【套索工具】创建选区　　　图 1-1-38　使用【多边形套索工具】创建选区

（3）磁性套索工具　可用于在图像中根据颜色的差别自动勾画出选区。在工具箱中选择【磁性套索工具】在图像边缘处单击鼠标左键，然后沿着图像边缘慢慢移动鼠标，选区边界会自动吸附在图像边缘，并且会自动生成一些紧固点。在终点处双击鼠标左键或当鼠标移动到起点外时光标右下角出现空心圆圈时单击鼠标左键，就可以结束选区选取。打开【素材】→【1-1j. jpg】，使用【磁性套索工具】绘制如图 1-1-39 所示的选区。

（4）魔棒工具　通常被认为是功能最强的选区工具，在工具箱中单击【魔棒工具】或按【W】键，即可以使【魔棒工具】处于选中状态。在图像中单击鼠标左键，就会将图像上与鼠标单击处颜色相近的区域作为选区。打开【素材】→【1-1k.jpg】，使用【魔棒工具】单击绿色区域，会制作如图 1-1-40 所示的选区。

图 1-1-39　使用【磁性套索工具】创建选区　　　　图 1-1-40　使用【魔棒工具】创建选区

四、抓手工具

当图像放大显示到超出图像窗口的范围时，我们可以使用【🖐 抓手工具】来移动画布，以改变图像在窗口中的显示位置。打开【素材】→【1-1l.jpg】，使用放大镜工具将图片放大两倍，然后选择【🖐 抓手工具】，将鼠标指针移动到视图中，指针呈🖐状时单击并拖动鼠标，可以移动视图的位置，如图 1-1-41 所示。

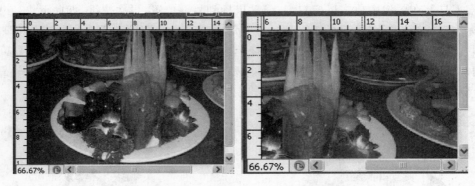

图 1-1-41　使用【抓手工具】移动图像

选中【抓手工具】，属性栏将显示如图 1-1-42 所示的状态。通过点按属性栏中的 3 个按钮，即可调整显示图像，如图 1-1-42 所示。抓手工具的作用是在窗口小于画布大小的时候，在窗口中左右移动画布。如果窗口大于或等于画布则无效。

图 1-1-42　【抓手工具】属性栏

五、缩放工具

使用【🔍 缩放工具】，可将图像缩小或放大，方便用户对图像的查看或修改。打开

【素材】→【1-1m.jpg】文件，如图 1-1-43 所示。选择【🔍缩放工具】，将鼠标指针移动到视图中，指针呈⊕状时在视图中单击，以单击的点为中心，将图像放大至下一个预设百分比，如图 1-1-44所示。

图 1-1-43　素材【1-1m.jpg】

图 1-1-44　放大图像

在视图中多次单击，可以持续放大图像。当鼠标指针呈🔍状时，将无法继续放大图像，如图 1-1-45 所示。

选择选项栏中的【🔍缩小】按钮，在视图中多次单击，将以单击点为中心缩小图像，如图 1-1-46所示。

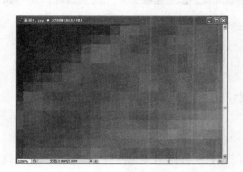

图 1-1-45　放大图像到最大

图 1-1-46　缩小图像

选择选项栏中的【🔍放大】按钮，在视图中单击并拖移鼠标，绘制出一个虚线框，松开鼠标，即可将所选区域放大并位于窗口正中间，如图 1-1-47 所示。

图 1-1-47　局部放大

【参考案例】

果汁饮品广告设计效果如图 1-1-48 所示。

图 1-1-48　参考案例

操作提示：钢笔工具、图层样式、矩形选框工具、渐变工具、文字工具等。

案例二　尼康数码相机网页横幅广告设计

【案例分析】

2011 年，尼康公司全球同步推出 5 款 COOLPIX S 系列数码相机，S9100/S6100（报价 参数 评测 图库）/S4100/S3100/S2500。COOLPIX S 系列相机为多彩、时尚的轻便型数码相机系列，设计时尚典雅，尽显迷人品味。因此本案例作为横幅网络广告设计，背景应以多色为主，炫出产品的个性，画面效果需要设计得醒目、吸引人。

【任务设计】

任务 1　制作渐变炫彩背景效果。

任务 2　布局版式、添加外部素材。

任务 3　添加主题提示文字。

【完成任务】

任务 1　制作渐变炫彩背景效果

1. 新建一个 895 像素×307 像素的文件，分辨率为 300 像素/英寸，背景内容为白色，颜色模式为 RGB，如图 1-2-1 所示。

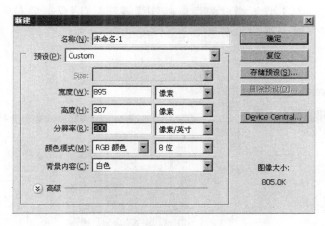

图 1-2-1　新建文件对话框

2. 打开本案例【素材】→【1-2a. jpg】文件，选中工具栏上【钢笔工具】，沿着人物周围创建封闭路径，单击【路径】面板，选择下方的【将路径作为选区载入】按钮，为人物创建选区，按【Ctrl＋C】键复制，回到主文档，按【Ctrl＋V】键粘贴，如图 1-2-2 所示。

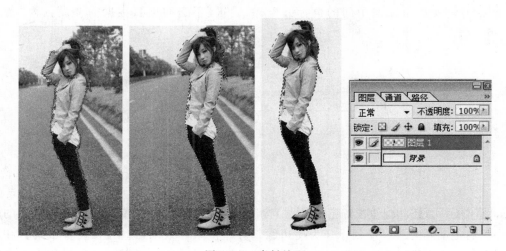

图 1-2-2　素材处理

3. 新建图层，使用【🖋钢笔工具】，在钢笔工具栏上选择【路径🔲】选项，在主文档中绘制出上半部分封闭路径，如图 1-2-3 所示，需要带点弧度，然后使用快捷键【Ctrl＋Enter】使其将路径转换为选区，如图 1-2-4 所示。

图 1-2-3　钢笔勾出选区形状

图 1-2-4　将路径转为选区

4. 选择【▢渐变工具】,设置渐变的颜色,可用【吸管工具】双击最右侧 ▮ 图标调整渐变颜色,颜色为"#a4dce7",双击中间部分添加色标,颜色为"#f8f7cf",双击最右侧色标,颜色为"#ea93d4",如图 1-2-5 所示。

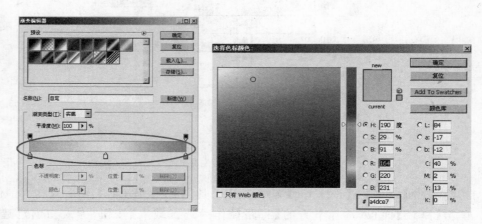

图 1-2-5　渐变的设置

5. 点击渐变色带上面中间的色标方框标,设置【不透明度】,根据需要设置为"60",如图 1-2-6所示。

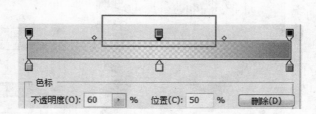

图 1-2-6　设置透明渐变

6. 单击【图层】面板上的【新建图层 ▮】按钮,然后选择【线性渐变】工具,在刚创建的选区内由左向右拖动,如图 1-2-7 所示。为使边缘部分产生融合效果,选中【橡皮擦工具】,在上方工具栏上选择画笔笔触为"100",对边缘部分进行擦拭,将【1-2a.jpg】人物素材的上半身的渐变颜色擦除,效果如图 1-2-8 所示。

图 1-2-7　渐变效果　　　　　　　　　图 1-2-8　渐变效果修改

7. 单击【图层】面板上的【新建图层 ▮】按钮,使用同样的方法,设置图片下部分的渐变效果,即由右向左拖动渐变工具,同样用【橡皮擦工具】将其边缘部分擦除,如图 1-2-9 所示。

图 1-2-9　图片下半部分的渐变效果

任务2　布局版式、添加外部素材

1. 打开本案例【素材】→【1-2b.jpg】，用处理【1-2a.jpg】的方法去掉背景，按【Ctrl＋C】键复制，回到主文档，按【Ctrl＋V】键粘贴两份，按【Ctrl＋T】键调整大小和位置，如图 1-2-10 所示。

图 1-2-10　处理素材【1-2b.jpg】

2. 选中左侧彩带 1 图层，选择【图像】→【调整】→【色彩平衡】命令，对其进行颜色的改变，参数设置及调整效果如图 1-2-11 所示。

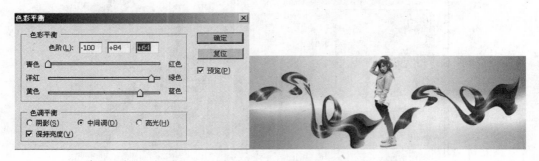

图 1-2-11　素材处理后的效果

3. 选中彩带 1 图层，在【图层】面板上将【透明度】设置为"61"，按【Ctrl＋T】键，再次对两个彩带进行位置和大小的调整，选择【橡皮擦工具】，将画笔笔触设为"100"，在彩带上涂抹，效果如图 1-2-12 所示。

图 1-2-12　透明度和位置调整效果

4. 打开本案例【素材】→【1-2c. psd】文件,用【魔棒工具】选中白色背景部分,选择【选择】→【反相】命令,选中相机,将其拖移到主文档中,选择【编辑】→【变换】→【扭曲】命令,调整如图 1-2-13所示效果。

图 1-2-13　扭曲后的效果

5. 复制【1-2c. psd】变形后的图层,并放在彩带 1 图层的下面,选择副本图层,选择【滤镜】→【模糊】→【动感模糊】命令,设置【角度】为"8",【距离】为"30",制作中底部模糊轮廓效果,如图 1-2-14所示。

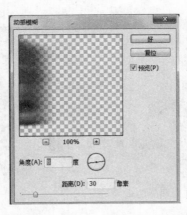

图 1-2-14　给素材添加模糊效果

6. 打开本案例【素材】→【1-2d. psd】文件,将该文件移到图 1-2-15 所示的位置并添加动感模糊,方法同上一个步骤。

图 1-2-15 素材【1-2d.psd】的制作效果

任务 3 添加主题提示文字

1. 新建图层，使用【矩形选框工具】在图片上绘制一个矩形，填充颜色为"♯ffa800"，设置【透明度】为"60"，如图 1-2-16 所示。

图 1-2-16 给文字添加透明底纹

2. 使用【文字工具】输入文字："记录在形，感受在心"，选择【图层】→【图层样式】→【斜面和浮雕】命令，【样式】为"枕状浮雕"，【方法】为"平滑"，【深度】为"91"，【方向】为"上"，【大小】为"7"，其他参数默认，如图 1-2-17 所示，文本效果如图 1-2-18 所示。

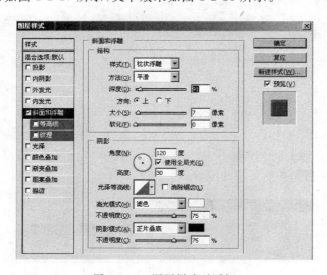

图 1-2-17 图层样式对话框

图 1-2-18　文本效果

3. 使用相同的方法制作效果文字：2011 春季 COOLPIX 系列，如图 1-2-19 所示。

图 1-2-19　文字效果

4. 打开本案例【素材】→【1-2e.jpg】文件，放置到如图 1-2-20 所示位置，最后效果制作完成。

图 1-2-20　本案例最终效果图

【知识链接】

　一、选区的修改

　1. 通过修改菜单创建选区

　　执行【选择】→【修改】将出现如图 1-2-21 所示子菜单，包括【边界】、【平滑】、【扩展】、【收缩】命令，主要用于对当前选择区域的编辑。

图 1-2-21　修改子菜单

要用新选区框住现有的选区：

1）使用【□矩形选框工具】建立选区，如图 1-2-22 所示。

2）选取【选择】→【修改】→【边界】，设置宽度为 20。效果如图 1-2-23 所示。

2. 变换选区

使用【椭圆选框工具】创建选区，然后执行【选择】→【变换选区】，将会在选区边缘出现如图所示的自由变形框，如图 1-2-24 所示。利用此自由变形框可以将图形中的选择区域进行缩放、旋转和透视变化。

  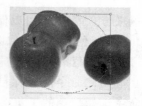

　图 1-2-22　原来的选区　　　图 1-2-23　应用【边界】命令效果　　　图 1-2-24　自由变形框

3. 选择区域的保存和载入

保存选区，在当前画面中，如果已经创建选择区域，选取菜单中【选择】→【存储选区】命令，弹出菜单如图 1-2-25 所示。

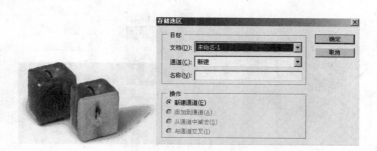

图 1-2-25　【存储选区】对话框

（1）在【目标】选项组中设置保存选项

1）【文档】选项：当前文件名称。

2）【通道】选项：用来保存选择区域的通道，如果是第一次保存选择区域只能选择"新建"。

3）【名称】选项：设置保存的选择区域在通道中的名称，如果不设置，单击对话框中【确定】按钮后，在【通道】面板中将出现名称为【Alpha 1】的通道。

（2）在【操作】选项中设置参数　当【目标】选项框中选择"新建"时、操作选项框中只有【新建通道】选项可用。

第一个选择区域保存好后，再新建一个区域保存的时候，在目标通道那里就有建好通道的名称，如图 1-2-26 所示。

1）【替换通道】可以在通道中替换当前选区。

2）【添加到通道】可以向当前通道内容添加选区。

3）【从通道中减去】可以从通道内容中删除选区。

图 1-2-26　第二次保存选区对话框

4)【与通道交叉】可以保持与通道内容交叉的新选区的区域。

4. 利用色彩范围选取图像

1)【色彩范围】命令选择现有选区或整个图像内指定的颜色或颜色子集。如果想替换选区，在应用此命令前确保已取消选择所有内容。要细调现有的选区，请重复使用【色彩范围】命令选择颜色的子集。例如，若要选择绿色选区内的绿色区域，请选择【色彩范围】对话框中的"绿色"，效果如图 1-2-27 所示。如果用【吸管工具】吸取红色部分，则效果如图1-2-28所示。

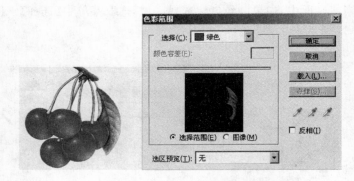

图 1-2-27　【选择】为绿色的状态

图 1-2-28　【选择】为红色的状态

2)在【色彩范围】对话框中点选【图像】，然后将鼠标移动到图 1-2-29 所示的位置单击，然后点击确定，也可以吸取颜色。

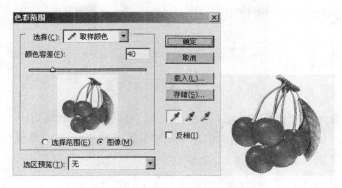

图 1-2-29　单选【图像】的状态

3）选取菜单【图像】→【调整】→【色相/饱和度】命令，在弹出的【色相/饱和度】对话框中设置各项参数，如图 1-2-30 所示，效果如图 1-2-31 所示。

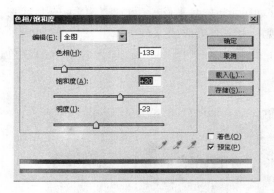

图 1-2-30　【色相/饱和度】对话框　　　　　图 1-2-31　设置参数后的效果图

二、油漆桶工具

【🔥油漆桶工具】填充颜色值是按像素相似的相邻像素值填充的。首先创建前景色为橘黄色，然后在图片上创建选区，选择【油漆桶工具】，在选区上单击即可填充，如图 1-2-32 所示。

注意：【油漆桶工具】不能用于位图模式的图像。

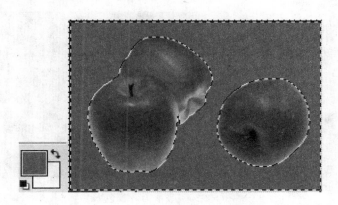

图 1-2-32　【油漆桶工具】填充效果

当选择了【油漆桶工具】后,窗口上方会出现该工具的属性栏,如图 1-2-33 所示。

图 1-2-33 【油漆桶工具】属性栏

【容差】定义为必须填充的像素的颜色相似程度。容差值范围可以从 0 到 255,低容差填充与点按像素非常相似的颜色值范围内的像素,高容差填充更大范围内的像素。

【消除锯齿】平滑填充选区的边缘。

【连续的】填充与点按像素相似的像素。

【所有图层】填充基于所有可见图层中的合并颜色数据。

三、吸管工具组

1. 🖉 吸管工具

Photoshop 中的【吸管工具】可用于拾取图像中某位置的颜色,一般用来取前景色后用该颜色填充某选区,或者取色后用绘图工具(如【画笔工具】、【铅笔工具】等)来绘制图形。打开【素材】→【1-2i.jpg】,选择【吸管工具】,在视图中需要吸取的颜色上单击,即可将吸取的颜色设置为前景色,如图 1-2-34 所示,按下【Alt】键的同时在视图中单击,即可将吸取的颜色设置为背景色,如图 1-2-35 所示。

图 1-2-34 吸取为前景色

图 1-2-35 吸取为背景色

注意:在【吸管】选项栏中只有一个选项【取样大小】,设置该选项可以设置【吸管工具】吸取平均颜色的范围,如图 1-2-36 所示。

图 1-2-36　吸取平均颜色的范围

2. 颜色取样器工具

【颜色取样器工具】的主要功能是检测图像中像素的色彩构成。使用此工具最多可以定义 4 个取样点的颜色信息,并且把这些颜色信息存储在信息面板中。

1)选择【颜色取样器工具】,在视图中单击,这时自动弹出信息面板,如图 1-2-37 所示。

2)面板最上边的两个颜色信息显示在视图中鼠标所处位置的颜色,左侧为【RGB】模式下的颜色,右侧为【CMYK】模式下的颜色,如图 1-2-38 所示。

图 1-2-37　使用【颜色取样器工具】

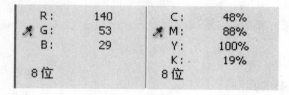

图 1-2-38　信息面板

3)在信息面板的第二行信息中,左边的信息显示鼠标在视图中的坐标,右边显示视图中选区的长度和宽度,如图 1-2-39 所示。

4)信息面板的第三行信息为设置颜色取样点的颜色信息,如图 1-2-40 所示。在没有设置颜色取样点时,没有该信息。

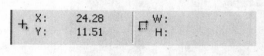

图 1-2-39　鼠标坐标和选区大小

图 1-2-40　颜色信息

5)信息面板中的其他信息,一个是当前文档的大小,一个是当前工具的使用方法提示,如图 1-2-41 所示。

6)选择【颜色取样器工具】,移动鼠标指针到取样点上,当指针呈▶状时,在视图中设置 3 个取样点,如图 1-2-42 所示。

7)在取样点上右击,弹出快捷菜单,如图 1-2-43 所示。在该菜单中执行【删除】命令,可以删除该取样点。

8)单击【颜色取样器工具】选项栏(图 1-2-44)中的【清除】按钮,可以将图像中所有的取样点删除。

图 1-2-41　其他信息　　　　　　　　图 1-2-42　设置取样点

图 1-2-43　设置【删除】命令　　　　　　图 1-2-44　清除所有取样点

【参考案例】

　　本田汽车广告设计效果如图 1-2-45 所示。

图 1-2-45　本田汽车广告设计

操作提示：蒙版、投影、渐变等。

案例三　MP3包装盒设计

【案例分析】

本案例以 MP3 的产品特点进行创意设计，主要突出产品特性，创意要符合产品特点和电子企业的风格。设计时，要注意选择能代表电子企业的颜色作为主体色调，商品包装所使用的色彩，会使消费者产生联想，引发各种情感，使购买心理发生变化。图案要醒目有创意，并且能够表达产品适合年轻人的特性。包装作为一门综合性学科，具有商品和艺术相结合的双重性。一般包装设计要具备的要素：货架印象、可读性、外观图案、商标印象、功能特点说明。

【任务设计】

任务 1　MP3 包装盒平面展开图的设计。

任务 2　MP3 包装盒正面、侧面、背面效果的设计。

任务 3　制作 MP3 包装盒立体效果。

【完成任务】

任务 1　MP3 包装盒平面展开图的设计

1. 新建一个 1358 像素×1476 像素，分辨率为 150 像素/英寸，透明背景的文件，如图 1-3-1所示。

2. 按【Ctrl＋R】启用标尺，可见平面展开图的长 24 厘米、宽 22 厘米，单击【视图】→【新建参考线】命令，依次新建四条水平参考线和四条垂直参考线，用鼠标拖动调整其位置。

正面和背面为：14 厘米×8 厘米；侧面分别为：14 厘米×3 厘米和 3 厘米×8 厘米，如图 1-3-2所示。

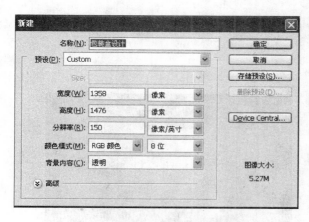

图 1-3-1　新建文件对话框

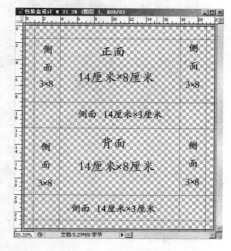

图 1-3-2　参考线布局图

任务 2　MP3 包装盒正面、侧面、背面效果的设计

1. 新建 14 厘米×8 厘米的背景为白色的文件，将前景色设置为深蓝色（R：12，G：71，B：

203），选择【🔥填充工具】，在背景图层上单击，将背景填充成蓝色。

2. 选择【椭圆选框工具】，设置羽化值为"50"，在背景上画出椭圆选区，设置前景色为"R：94，G：176，B：229"，单击【图层】面板上的【新建图层🔲】按钮，按【Alt＋Delete】键，填充淡蓝色，如图 1-3-3 所示。

3. 选中椭圆图层，选择【滤镜】→【扭曲】→【旋转扭曲】命令，设置【角度】为 537，如图 1-3-4 所示。

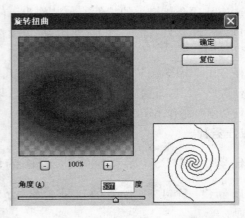

图 1-3-3　背景填充效果　　　　　　　　图 1-3-4　旋转扭曲对话框

4. 选中椭圆图层，选择【滤镜】→【渲染】→【镜头光晕】命令，设置【亮度】为"100"，选择【镜头类型】为"电影镜头"，如图 1-3-5、图 1-3-6 所示。

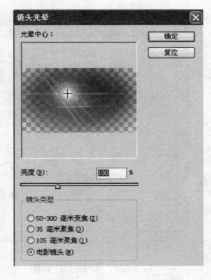

图 1-3-5　镜头光晕对话框　　　　　　　　图 1-3-6　添加滤镜效果

5. 单击【图层】面板上的【新建图层🔲】按钮，选择【🖊钢笔工具】，绘出发散光形状路径，并填充成黄色（R：255，G：231，B：26），将【图层】面板上的【混合模式】设置为"叠加"，如图 1-3-7 所示。

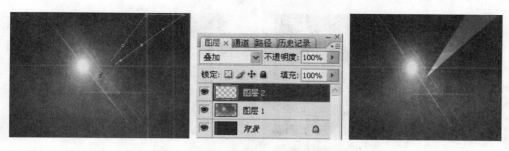

图 1-3-7 路径创建填充选区效果

6. 按【Ctrl】键，单击图层 2 的图标位置，选中刚填充好的图案，按【Ctrl＋C】键复制，然后按【Ctrl＋V】键粘贴，按【Ctrl＋T】键调整大小、位置及旋转方向，如图 1-3-8 所示。

7. 将【图层】面板上的【混合模式】设置为"叠加"，用同样的方法制作多个图案旋转成一周，单击【图层】面板上的【新建图层】按钮，选择【椭圆选框工具】，羽化值设置为"25"，在新图层上画出正圆形状，填充黄色（R：255，G：231，B：26），如图 1-3-9 所示。

图 1-3-8 复制图案并调整后效果

图 1-3-9 制作一周图案效果

8. 打开本案例【素材】→【1-3a. psd】文件，用【魔棒工具】为图案创建选区，选择【移动工具】，将【1-3a. psd】文件中的标志移到主文件中，为突出标志特点，选择【矩形选框工具】绘制一个矩形选区并填充颜色【R：183，G：60，B：173】，透明度设置为 46％，调整如图 1-3-10 所示。

图 1-3-10 【1-3a. psd】素材调整效果

9. 打开本案例【素材】→【1-3b. psd】文件，用【魔棒工具】为图案创建选区，选择【移动工具】，将图片拖移到主文件中，按【Ctrl＋T】键调整大小和位置，如图 1-3-11 所示。

10. 打开本案例【素材】→【1-3c. psd】文件，用【魔棒工具】为图案创建选区，将图片拖移到主文件中，并调整图片大小和位置，将【图层】面板上的【混合模式】设置为"叠加"，如图 1-3-12 所示。

图 1-3-11 【1-3b.psd】素材调整效果　　　　图 1-3-12 【1-3c.psd】素材调整效果

11. 打开本案例【素材】→【1-3d.psd】文件,按【Ctrl＋A】键全选,将图片拖移到主文件中,并调整图片大小和位置,如图 1-3-13 所示。

12. 选中该图层,单击【图层】面板下方的【添加蒙板 】按钮,选择工具栏上的【画笔工具】,【前景色】设为黑色,笔触【宽度】设置为"100",类型为"柔边",在图片边缘涂抹,效果如图 1-3-14所示。

图 1-3-13 【1-3d.psd】素材添加并调整效果　　　图 1-3-14 包装盒正面效果图

13. 选择【文字工具】,在正面的右下角输入名称:"非凡电子产品有限公司出品,http://www.feifan.com",如图 1-3-15 所示。

14. 选择【文件】→【存储】命令,命名为:正面.psd,再次选择【文件】→【存储为】命令,命名为:反面.psd,然后,在正面的基础上制作包装盒的反面,将素材【1-3b.psd】图层删除,即光盘图层,选择【移动工具】,将素材【1-3d.psd】所在图层内容移动到中间位置,如图 1-3-16 所示。

图 1-3-15 包装盒正面效果　　　　　　图 1-3-16 包装盒背景

15. 选中素材【1-3d.psd】所在图层,按住【Ctrl】键同时单击该图层图标位置,即选中图层内容,按【Ctrl＋C】键复制,按【Ctrl＋V】键粘贴,用同样添加蒙版的方法处理好素材,选择【编辑】→【变换】→【垂直翻转】命令,在【图层】面板上将透明度设置为46％,放置到合适位置,选择【编辑】→【变换】→【扭曲】命令，调整四角，使倒影有立体效果，如图1-3-17所示。

16. 给右下角标志和公司名称加强点效果，绘制一个矩形，填充颜色为【R：21，G：23，B：171】，不透明度48%，单击【图层】面板下方的【添加蒙板 】按钮，选择工具栏上的【画笔工具】，【前景色】设为"黑色"，处理成不规则边缘，如图 1-3-18 所示。

图 1-3-17　背面倒影效果处理　　　　　　图 1-3-18　公司名称效果处理

17. 打开"MP3 包装平面展开图 .psd"文件，将本案例【素材】文件夹中【1-3e.jpg】、【1-3f.jpg】、【1-3g.jpg】和【1-3h.jpg】文件导入到平面展开图中，将所制作的正面、背面效果附在平面展开图中，如图 1-3-19 所示。

图 1-3-19　平面展开图效果

任务 3　制作 MP3 包装盒立体效果

1. 新建 609 像素×448 像素文件，填充背景为深蓝色【R：1，G：10，B：47】，如图 1-3-20 所示。

2. 将正面效果图层拖到新建文件中，选择【编辑】→【变换】→【自由变换】命令调整大小，如图 1-3-21 所示。

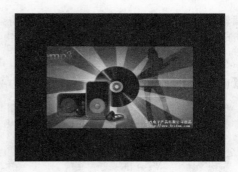

图 1-3-20 立体效果图背景　　　　　　　　　　图 1-3-21 调整大小

3. 在【自由变换】状态下按住【Ctrl】键调整透视角度如图 1-3-22 所示。

图 1-3-22 透视角度调整

4. 按【Enter】键确认变换效果,单击【图层】→【图层样式】→【斜面和浮雕】命令,出现如图 1-3-23所示对话框,单击确定,效果如图 1-3-24 所示。

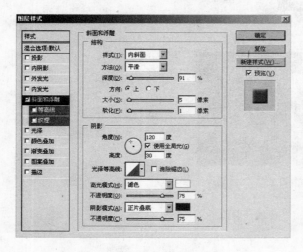

图 1-3-23 图层样式对话框　　　　　　　　　　图 1-3-24 顶面立体效果图

5. 打开本案例【素材】→【1-3e. jpg】文件,按【Ctrl＋A】键全选,用【移动工具】移动到立体效果主文档中,如图 1-3-25 所示。按【Ctrl＋T】键进入自由变换状态,并按住【Ctrl】键调整节点到合理透视效果,拖动该图层到正面效果图层下方,如图 1-3-26 所示。

图 1-3-25　素材【1-3e.jpg】导入效果　　　　图 1-3-26　调整透视后效果

6. 为【1-3e.jpg】图层添加【斜面和浮雕】，参数设置如图 1-3-27 所示，效果图如图 1-3-28 所示。

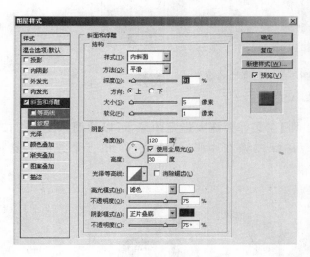 

图 1-3-27　图层样式对话框　　　　图 1-3-28　添加图层样式后效果

7. 打开本案例【素材】→【1-3f.jpg】文件，按【Ctrl＋A】键全选，用【移动工具】移动到立体效果主文档中，如图 1-3-29 所示。单击【编辑】→【变换】→【自由变换】命令调整大小，并按住【Ctrl】键调整节点到合理透视效果，并添加斜面和浮雕效果。如图 1-3-30 所示。

图 1-3-29　侧面添加效果图　　　　图 1-3-30　最终效果图

【知识链接】

一、图像的移动和复制

利用移动工具对图像进行移动和复制操作，可以代替菜单【编辑】→【复制】和【编辑】→【粘贴】命令，在实际工作中灵活运用工具可以提高效率。

1. 图像的移动

打开本案例【素材】→【1-3k. jpg】文件，用【矩形选框工具】创建一矩形选区，【移动工具】在文件中通过拖曳对象完成移动操作，按住键盘上的【Shift】键同时拖曳图像可以确保图像在水平、垂直或 45°角三个方向上移动，如图 1-3-31 所示。

图 1-3-31 移动的效果

2. 图像的复制

按住键盘上【Alt】键，利用【移动工具】在文件中拖曳指定图像，可以将图像复制。按住键盘上的【Shift＋Alt】键移动图像，可以确保图像在水平、垂直或 45°角三个方向上复制，如图 1-3-32所示。

图 1-3-32 复制的效果

二、图像的变形操作

使用移动工具时，当勾选了属性栏中的【显示定界框】选项，在文件中就会根据当前层（背景层除外）的图像显示定界框。将鼠标移动到定界框的调节点上去单击，定界框的虚线框就变为实线框，此时即可以对定框界中的图像进行变形操作，属性栏如图 1-3-33 所示。

| ⌖ ▼ | ⌗⌗⌗ X: 352.0 ▮ △ Y: 256.0 ▮ | ⊞ W: 100.0% | ⑧ H: 100.0% | ∠ 0.0 度 | ⟋ H: 0.0 度 | V: 0.0 度 |

图 1-3-33 变形属性栏

1. 设置变换的参考点

按照下列主题所述选择变换命令。图像上会出现定界框。在选项栏中，单击【参考点定位符】按钮。每个方块表示定界框上的一个点。例如，如果要将参考点设置到定界框的左上角，请点按【参考点定位符】左上角的方块。

2. 移动变换的中心点

拖移中心点。中心点可以位于您想变换的项目之外，以后再操作旋转等命令，则以新的中心点为轴心变换，如图 1-3-34 所示。

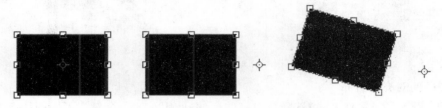

图 1-3-34　变换中心点效果图

3. 使用【自由变换】命令

【自由变换】命令可用于在一个连续的操作中应用变换，包括旋转、缩放、斜切、扭曲和透视。不必选取其他命令，您只需在键盘上按住一个键，即可在变换类型之间进行切换。

1）如果要通过拖移进行旋转，将指针移动到定界框的外部（指针变为弯曲的双向箭头），然后拖移。按 Shift 键可将旋转限制为按 15°增量进行。以素材【1-3l.jpg】文件为例，效果如图 1-3-35 所示。

2）如果要根据数字旋转，在选项栏的旋转文本框中输入角度。

3）如果要相对于定界框的中心点扭曲，按住【Alt】键并拖移手柄，如图 1-3-36 所示。如果要自由扭曲，按住【Ctrl】键并拖移手柄，如图 1-3-37 所示。

图 1-3-35　旋转变换

图 1-3-36　中心点扭曲

4）如果要【斜切】，按住【Ctrl＋Shift】组合键并拖移边手柄。当定位到边手柄上时，指针变为带一个小双向箭头的白色箭头，如图 1-3-38 所示。

　　图 1-3-37　自由扭曲　　　　　　　　图 1-3-38　斜切效果

三、图像的对齐与分布

可以使用【▶路径选择工具】选择要对齐的组件,使用对齐命令对齐不同图层上的对象。

1)通过选取【选择】→【取消选择】确保当前未选中任何内容。

2)在【图层】调板中选择要使其他所有图层与之对齐的图层。

3)在不取消选择第一个图层的情况下,按【Ctrl】键同时点按要对齐的每个图层,即同时选择多个要对齐的图层。Photoshop 将这些图层与选定的图层链接起来,并在这些图层旁边的列中显示链接图标 ⊂⊃。

4)选取【图层】→【对齐】,并选择下列选项之一:

【▥ 顶边】:将链接图层的顶部与选定图层的顶部对齐。

【▥ 垂直居中】:将链接图层的垂直中心与选定图层的垂直中心对齐。

【▥ 底边】:将链接图层的底部与选定图层的底部对齐。

【▥ 左边】:将链接图层的左边缘与选定图层的左边缘对齐。

【▥ 水平居中】:将链接图层的水平中心与选定图层的水平中心对齐。

【▥ 右边】:将链接图层的右边缘与选定图层的右边缘对齐。

以素材【1-3m. jpg】、【1-3n. jpg】文件为例,对齐命令后的形态图如图 1-3-39 所示。

图 1-3-39　对齐后的形态

四、绘画工具

1.【画笔面板】

画笔调板可用于选择预设画笔和设计自定义画笔。画笔面板如图 1-3-40 所示。

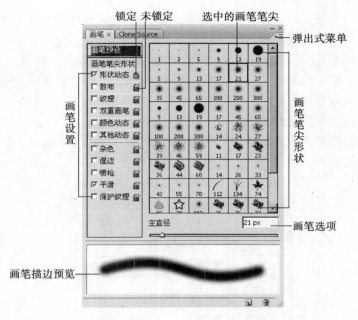

图 1-3-40　画笔面板

（1）显示【画笔】调板　选取【窗口】→【画笔】，或者在选中了绘画工具、抹除工具、色调工具或聚焦工具时，在选项栏的右侧点按调板按钮▤。

（2）画笔面板的组成　画笔面板由三部分组成，左侧部分用来选择画笔的属性，右侧部分用于设置画笔的具体参数，最下面的部分是画笔的预览选区。

（3）画笔笔尖形状面板　该面板主要用来按照需要选择画笔的笔尖形状，主要选项和参数设置如图 1-3-41 所示。

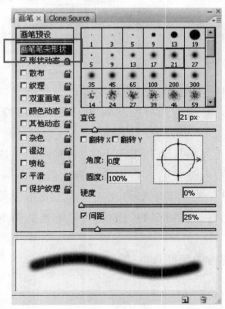

图 1-3-41　画笔笔尖形状面板

【直径】:设置画笔笔尖的直径大小,可以改变数值和拖动下面的滑块来改变笔头大小。

【角度】:决定当前画笔旋转的角度。

【圆度】:决定画笔笔尖长短轴的比例,当数值为 100 时,笔尖为正圆形。

【硬度】:主要是用来设置画笔边缘的虚化程度,可以通过修改后面的数字或拖动滑块来改变虚化程度,值越大边缘越清晰。

【间距】:决定画笔每两笔间的距离。

(4)动态画笔的操作 主要用来编辑画笔的动态形状,勾选【形状动态】选项,如图 1-3-42 所示,进入动态画笔面板。

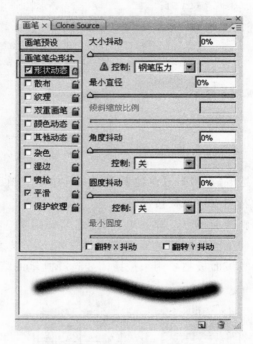

图 1-3-42 抖动的参数

【大小抖动】:指定描边中画笔笔迹大小的改变方式。要指定抖动的最大百分比,可通过键入数字或使用滑块来输入值。要指定如何控制画笔笔迹的大小变化,可从【控制】弹出式菜单中选取选项。

【最小直径】:指定当启用【大小抖动】或【大小控制】时画笔笔迹可以缩放的最小百分比,可通过键入数字或使用滑块来输入画笔笔尖直径的百分比值。

【角度抖动】:指定描边中画笔笔迹角度的改变方式。要指定抖动的最大百分比,可键入数字,或者使用滑块输入百分比值。要指定如何控制画笔笔迹的角度变化,可从【控制】弹出式菜单中选取选项。

【圆度抖动】:指定画笔笔迹的圆度在描边中的改变方式。可用同样的方法指定抖动的最大百分比。

2.几种画笔模式

(1)【散布】画笔 绘制出的线条效果有散射效果,以素材【1-3m.jpg】为例,效果如

图 1-3-43 所示。

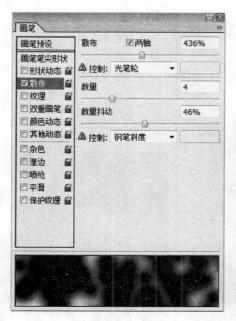

图 1-3-43　【散布】画笔绘制出的效果

　　（2）【纹理】画笔　　可以让画笔工具产生图案纹理的效果。【纹理】选项面板素材【1-3m.jpg】为例，如图 1-3-44 所示。

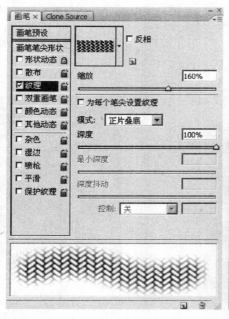

图 1-3-44　【纹理】画笔绘制出的效果

（3）【颜色动态】选项　选项可以将两种颜色以及图案进行不同程度混合,并可以调整其混合颜色的色调、饱和度、明度等,如图 1-3-45 所示。

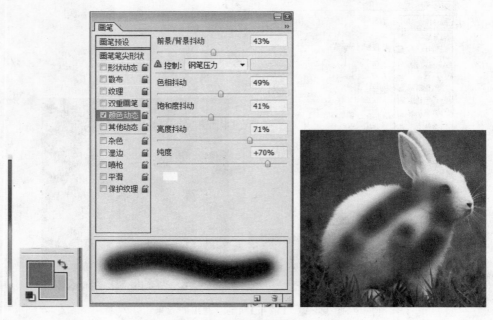

图 1-3-45　设置【颜色动态】绘制的效果

（4）【其他动态】选项　可以设置画笔绘制出颜色的不透明度和使颜色之间产生不同的流动感。以素材【1-3m.jpg】为例,如图 1-3-46 所示。

图 1-3-46　【其他动态】效果

【参考案例】

化妆品包装设计效果如图 1-3-47 所示。

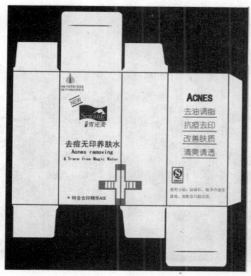

图 1-3-47　化妆品包装平面展开图和立体图

操作提示：自由变换、移动复制、文字画笔工具等。

案例四　情人节贺卡设计

【案例分析】

贺卡是人们在遇到喜庆的日子或事件的时候互相表示问候的一种卡片，人们通常赠送贺卡的日子包括生日、圣诞、元旦、春节、母亲节、父亲节、情人节等日子。贺卡上一般有一些祝福的话语。中国情人节又称七夕节、乞巧节，是中国传统节日中最具浪漫色彩的节日。制作情人节贺卡设计时，要注意表达情人节的浪漫气氛。本案例通过心形图案和浪漫文字设计体现创意唯美、浪漫、神圣的整体视觉效果。

【任务设计】

任务 1　制作浪漫而富有情意的背景。

任务 2　玫瑰花"心"形情侣效果的设计。

任务 3　主题文本与外部素材的添加设计。

【完成任务】

任务 1　制作浪漫而富有情意的背景

1. 新建一个 1024 像素×768 像素的文档，选择【▭渐变工具】，设置由【R:244,G:207,B:233】色到【R:163,G:15,B:232】色的线性渐变，从上至下拖动，形成渐变背景，效果如图 1-4-1 所示。

2. 单击【图层】面板上的【新建图层🖿】按钮，选择【椭圆选框工具】，在属性栏中将羽化值设为 10 个像素，按住【Shift】键在背景正中间画出一个正圆选区，选择【渐变工具】，设置由【R:248,G:246,B:247】色到【R:240,G:25,B:76】色的径向渐变，效果如图 1-4-2 所示。

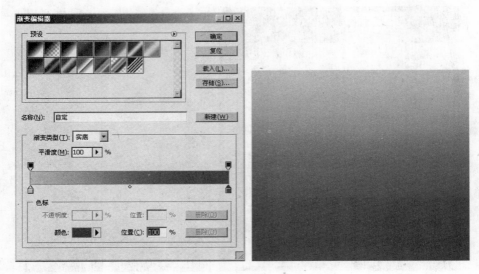

图 1-4-1　填充背景效果

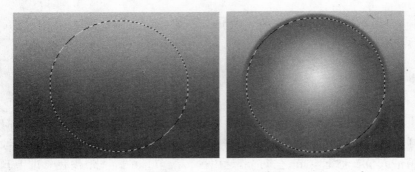

图 1-4-2　径向渐变效果

3. 选择【选择】→【修改】→【收缩】命令，收缩值为"30"，按【Delete】键删除，效果如图 1-4-3 所示。

图 1-4-3　收缩删除效果

4. 选择【图层】→【图层样式】→【外发光】命令，在【图素】选项栏中设置，方法为"精确"，大小为"68"，效果如图 1-4-4 所示。

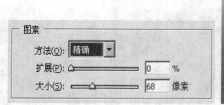

图 1-4-4　添加外发光效果

5. 选择【编辑】→【变换】→【扭曲】命令，调整上方角点，按住【Ctrl】键同时单击该图层，选择【选择】→【修改】→【收缩】命令，收缩值为 10，按【Delete】键删除，效果如图 1-4-5 所示。

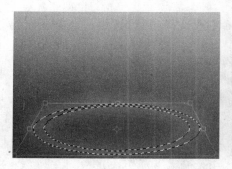

图 1-4-5　扭曲变换与收缩删除效果

6. 单击【图层】面板上的【新建图层 ┚】按钮，选择【◯ 椭圆选框工具】，在属性栏中将羽化值设为 10 个像素，画出椭圆选区；选择【▨ 渐变工具】，设置由【R：249，G：7，B：41】色到【R：255，G：255，B：255】色的线性渐变，单击左侧颜色图标，设置透明度为 50%，如图 1-4-6 所示。

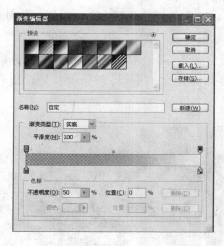
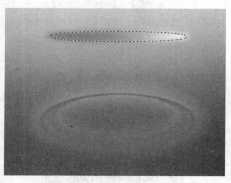

图 1-4-6　渐变效果

7. 选择【编辑】→【变换】→【扭曲】命令，调整各角点，按【确定】按钮后，选择【✛ 移动工具】,将其移动到椭圆图案下方,在【图层】面板上将透明度设置为 50%,按【Ctrl+T】键进行旋转与缩放,按【Ctrl+C】键复制,按【Ctrl+V】键粘贴,形成一周发光效果,如图 1-4-7 所示。

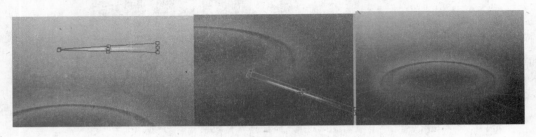

图 1-4-7　光线变换效果

任务 2　玫瑰花"心"形情侣效果的设计

1. 打开本案例【素材】→【1-4a.jpg】文件,用【魔棒工具】选中白色背景区域,选择【选择】→【反相】命令,选中花的图案,用【移动工具】将其移动到主文档中,并复制出多个花的图案,调整成心形图案,每朵花从上向下设置递减式透明度,如图 1-4-8 所示。

图 1-4-8　玫瑰花"心"形情侣图案设计

2. 选择【橡皮擦工具】,设置笔触模式为 100 柔光,将心形图案上方的红色线涂掉,效果如图 1-4-9 所示。

3. 打开本案例【素材】→【1-4b.jpg】文件,用【魔棒工具】选中白色背景区域,选择【选择】→【反相】命令,选中人物图像,用【移动工具】将其移动到主文档中,将图层调整到玫瑰心形图层下方,如图 1-4-10 所示。

图 1-4-9　心形的制作效果　　　　　　　图 1-4-10　情侣图片的导入

4. 选择【橡皮擦工具】,设置笔触模式为 100 柔光,将人物与心形图案重叠部分涂掉,在【图层】面板上将该图层的【混合模式】设置为"柔光",效果如图 1-4-11 所示。

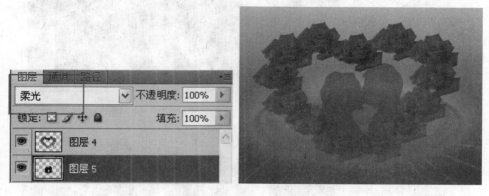

图 1-4-11　涂抹与柔光效果

任务 3　主题文本与外部素材的添加设计

1. 打开本案例【素材】→【1-4c. psd】文件,按【Ctrl】键同时单击图层 1,选中鸟的图案,并拖曳到主文档中,如图 1-4-12 所示。

2. 选择【图章】工具,在属性栏设置画笔笔触模式为 100 柔光,按住【Alt】键,在鸟的图案上吸取,松开【Alt】键,在前景的合适位置单击涂抹,复制出多个鸟的图案,如图 1-4-13 所示。

图 1-4-12　鸟图案的添加效果

图 1-4-13　鸟图案与涂抹效果

3. 回到素材【1-4c. psd】文件,按【Ctrl】键同时单击图层 2,选中花的图案,并拖曳到主文档中,如图 1-4-14 所示。

4. 选择【图章】工具,在属性栏设置画笔笔触模式为 100 柔光,按住【Alt】键,在部分花的图案上吸取,松开【Alt】键,在前景的合适位置单击涂抹,复制出多个花的图案,如图 1-4-15 所示。

5. 回到素材【1-4c. psd】文件,按【Ctrl】键同时单击图层 3,选中 LOVE 的图案,并拖曳到主文档中,在【图层】面板上将【混合模式】改为"亮度",透明度设置为 80%,如图 1-4-16 所示。

6. 选择【编辑】→【变换】→【透视】命令,将图案调整成立体效果,如图 1-4-17 所示。

图 1-4-14　花素材的添加

图 1-4-15　花图案与涂抹效果

图 1-4-16　LOVE 图案添加效果

图 1-4-17　变换效果

7. 选择【文本工具】，输入：为爱守护，设置文本颜色为【R：46，G：177，B：53】，选择【图层】→【图层样式】→【外发光】命令，调节发光大小；选择【图章工具】，在属性栏设置画笔笔触模式为 100 柔光，按住【Alt】键，在部分花的图案上吸取，松开【Alt】键，在文字下方合适位置单击涂抹，复制出多个花的图案，如图 1-4-18 所示。

图 1-4-18　最终效果

【知识链接】

一、仿制图章工具、图案工具

在使用【🏛仿制图章工具】时，会在该区域上设置要应用到另一个区域上的取样点。通过在选项栏中选择【对齐】，无论对绘画停止和继续过多少次，都可以重新使用最新的取样点。当【对齐】处于取消选择状态时，将在每次绘画时重新使用同一个样本像素。

因为可以将任何画笔笔尖与仿制图章工具一起使用，所以可以对仿制区域的大小进行多种控制；还可以使用选项栏中的不透明度和流量设置来微调应用仿制区域的方式；并可以从一个图像取样，然后在另一个图像中应用仿制，前提是这两个图像的颜色模式相同。

1. 使用仿制图章工具

1)选择【🏛仿制图章工具】。

2)在选项栏中，选取画笔笔尖并设置为混合模式、不透明度和流量设置画笔选项。

3)确定想要对齐样本像素的方式。在选项栏中勾选【对齐】，会对像素连续取样，而不会丢失当前的取样点，即使您松开鼠标按键时也是如此。如果取消选择【对齐】，则会在每次停止并重新开始绘画时使用初始取样点中的样本像素，如图 1-4-19 所示。

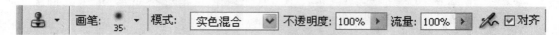

图 1-4-19　图章选项栏

4)在选项栏中选择【使用所有图层】，可以从所有可视图层中对数据进行取样；取消选择【使用所有图层】将只从现用图层取样。

5)通过在任意打开的图像中定位指针，然后按住【Alt】键并点按【Windows】来设置取样点，如图 1-4-20 所示。

6)在要校正的图像部分上拖移，效果如图 1-4-21 所示。

图 1-4-20　使用图案工具取样点

图 1-4-21　在图像上拖移

2. 使用图案图章工具

1)选择【🏛图案图章工具】。

2)在选项栏中选取画笔笔尖，并设置画笔选项（混合模式、不透明度和流量），如图 1-4-22 所示。

图 1-4-22　图案图章选项栏

3）在选项栏中选择"对齐的"，会对像素连续取样，而不会丢失当前的取样点，即使松开鼠标按键时也是如此。

4）如果取消选择"对齐的"，则会在每次停止并重新开始绘画时使用初始取样点中的样本像素。

5）在选项栏中，从【图案】弹出调板中选择图案。

6）如果希望对图案应用印象派效果，请选择"印象派效果"。

7）在图像中拖移可以使用该图案进行绘画，效果如图 1-4-23，图 1-4-24 所示。

图 1-4-23　原图

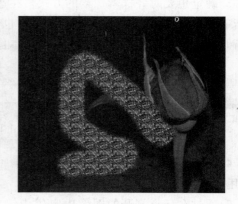
图 1-4-24　绘制效果

二、历史记录画笔工具

使用【历史记录画笔工具】，可以将图像编辑中的某个状态还原出来。比如说，对一幅图像进行了去色和模糊两次操作，想让图像的上下部分保持模糊，让中间部分还原到去色前状态，即原来有色彩的状态，用【历史记录画笔工具】很快就能涂出来（其实可以分为三个图层，达到同样的效果）。

【历史记录艺术画笔工具】使您可以使用指定历史记录状态或快照中的源数据，以风格化描边进行绘画。通过尝试使用不同的绘画样式、大小和容差选项，可以用不同的色彩和艺术风格模拟绘画的纹理。下面分别介绍使用方法。

1.【 历史记录画笔工具】的使用方法

1）打开【素材】→【1-4e. jpg】文件，如图 1-4-25 所示。

2）选择【图像】→【调整】→【去色】命令，对其进行去色处理。

3）选择【滤镜】→【模糊】→【动感模糊】命令，对其进行模糊处理，处理效果如图 1-4-26 所示。

4）这时候打开历史记录面板，刚才的操作都已按顺序显示，如图 1-4-27 所示。

5）用套索工具选中鱼的身体部位，在工具栏中选择【历史记录画笔工具】，然后再选中打开记录，如图 1-4-27 所示，开始在选区内用历史记录画笔涂抹，如图 1-4-28 所示。

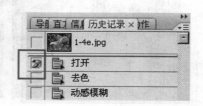

图 1-4-25　原图　　　　　图 1-4-26　去色和模糊效果　　　　图 1-4-27　历史记录面板

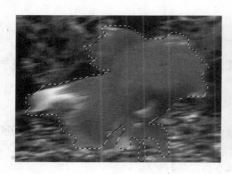

图 1-4-28　选中打开记录涂抹的效果

2.【历史记录艺术画笔工具】的使用方法

1)在【历史记录】调板中，点按状态或快照的左列，将该列用作历史记录艺术画笔工具的源。源历史记录状态旁出现画笔图标，如图 1-4-29 所示。

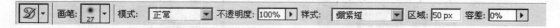

图 1-4-29　历史记录艺术画笔属性面板

2)选择【历史记录艺术画笔工具】。

3)在选项栏中执行下列操作：

◆选取画笔并设置画笔选项。

◆指定绘画的混合模式和不透明度。

◆从【样式】菜单中选取不同选项来控制绘画描边的形状。

◆【区域】：通过输入值来指定绘画描边所覆盖的区域。此值越大，覆盖的区域越大，描边的数量也越多。

◆【容差】：通过输入值或拖移滑块限定可以应用绘画描边的区域。低容差可用于在图像中的任何地方绘制无数条描边。高容差将绘画描边限定在与源状态或快照中的颜色明显不同的区域。

◆在图像中拖移来进行绘画。历史记录艺术画笔效果如图 1-4-30 所示。

原图　　　　　　　　　小画笔效果　　　　　　　　大画笔效果

图 1-4-30　历史记录画笔工具绘制效果

三、橡皮擦工具组

1. 橡皮擦工具的使用方法

1)打开【素材】→【1-4g.jpg】文件,选择【 ☑ 橡皮擦工具】。在选项栏中设置参数如图 1-4-31 所示。

图 1-4-31　【 ☑ 橡皮擦工具】选项栏

2)在画面上拖动要抹除的区域,效果如图 1-4-32 所示。

图 1-4-32　【 ☑ 橡皮擦工具】抹除的区域

2. 背景色橡皮擦工具的用法

【 ☑ 背景橡皮擦工具】可用于在拖移时将图层上的像素抹成透明,从而可以在抹除背景的同时在前景中保留对象的边缘。通过指定不同的取样和容差选项,可以控制透明度的范围和边界的锐化程度。

　　背景橡皮擦采集画笔中心（也称为热点）的色样，并删除在画笔内的任何位置出现的该颜色。它还在任何前景对象的边缘采集颜色。因此，如果前景对象以后粘贴到其他图像中，将看不到色晕，效果如图 1-4-33 和图 1-4-34 所示。

　　　图 1-4-33　容差 50％、画笔直径 75 时效果　　　　　图 1-4-34　容差 100％、画笔直径 75 时效果

　　3. 魔术橡皮擦工具的用法

　　用【🧽 魔术橡皮擦工具】在图层中点按时，该工具会自动更改所有相似的像素。如果在背景中或是在锁定了透明的图层中工作，像素会更改为背景色，否则像素会抹为透明。可以选择在当前图层上是只抹除的邻近像素，还是要抹除所有相似的像素，如图 1-4-35 所示。

图 1-4-35　抹除花图层背景效果

【参考案例】

　　圣诞贺卡设计效果如图 1-4-36 所示。

　　操作提示：蒙版、图层混合模式、描边等。

图 1-4-36　圣诞贺卡

案例五　青花瓷海报设计

【案例分析】

综观元、明、清三朝六百多年的青花瓷发展历史,我们清楚地看到,青花瓷器是景德镇劳动人民的血泪和智慧的结晶。本案例选用了与青花瓷颜色相近的底色,在制作背景的时候运用了大量的青花瓷器素材,配合图层混合模式的方法对其进行调整,形成良好的空间效果,使众多画面元素统一在蓝色的背景之下,能极大地提升宣传效果,图片素材的处理是本案例的重点技术部分。

【任务设计】

任务 1　制作仿青花瓷色调特效背景。

任务 2　处理青花瓷图片素材艺术效果。

任务 3　文本的创建与编辑。

【完成任务】

任务 1　制作仿青花瓷色调特效背景

1. 新建一个 15 厘米×20 厘米的空白文档,选择工具箱中的【渐变工具】,单击选项栏中的渐变条,打开【渐变编辑器】对话框,参照图 1-5-1 所示设置对话框,然后在背景图层中绘制渐变,如图 1-5-1 所示。

2. 执行【滤镜】→【杂色】→【添加杂色】,为图像添加杂色,效果如图 1-5-2 所示。

3. 使用【矩形选框工具】,在文档中间绘制矩形选区,参照图 1-5-3 所示参数,为图像调整亮度,效果如图 1-5-4 所示。

图 1-5-1　绘制渐变背景色

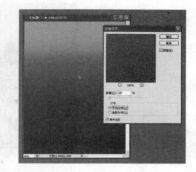

图 1-5-2　添加杂色

 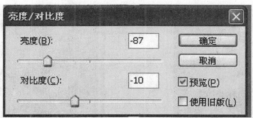

图 1-5-3　调整亮度

图 1-5-4　调整后效果

4. 新建【图层 1】，按下【Ctrl】键，同时单击【亮度/对比度】图层蒙版缩览图，将矩形选区载入，执行【编辑】→【描边】命令，参照图 1-5-5 所示设置对话框，为其添加描边效果，如图 1-5-6所示。

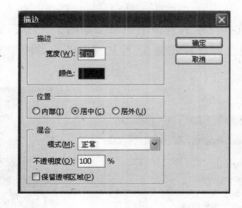

图 1-5-5　设置对话框

图 1-5-6　描边效果

任务 2　处理青花瓷图片素材艺术效果

1. 添加【素材】→【1-5a.jpg】，并调整它的大小和位置，如图 1-5-7 所示。单击【图层】面板【混合通道】模式按钮，修改图层样式为"颜色加深"，效果如图 1-5-8 所示。

 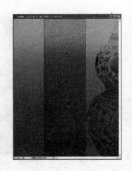

图 1-5-7　添加素材【1-5a.jpg】　　　图 1-5-8　颜色加深效果

2. 添加【素材】→【1-5b.jpg】，并调整它的大小和位置，如图 1-5-9 所示。单击【图层】面板【混合通道】模式按钮，修改图层样式为"亮度"，效果如图 1-5-10 所示。

图 1-5-9　添加素材【1-5b.jpg】　　　图 1-5-10　亮度效果

3. 打开【素材】→【1-5c.jpg】，用【套索工具】选中文字区域，移动到主文档中，如图 1-5-11 所示。

4. 单击【图层】→【图层样式】→【斜面和浮雕】，为该图层添加如图 1-5-12 所示的效果。单击【图层】面板的【混合通道】模式按钮，更改图层样式为"线性加深"，效果如图 1-5-13 所示。

图 1-5-11　添加素材【青花瓷】　　　图 1-5-12　添加效果　　　图 1-5-13　线性加深效果

5. 添加【素材】→【1-5d.jpg】，并将它放在合适的位置，修改图层样式为【正片叠底】，效果如图 1-5-14 所示，然后将该层放于【图层 3】之上。

6. 添加【素材】→【1-5e.jpg】，并修改图层样式为"叠加"，如图1-5-15所示。

图1-5-14 添加素材【1-5d.jpg】 图1-5-15 导入素材【1-5e.jpg】

7. 添加【素材】→【1-5f.jpg】，并为它制作如图1-5-16所示的效果。

8. 用同样的方法添加【素材】→【1-5g.jpg】，修改图层样式为"颜色加深"，效果如图1-5-17所示。

图1-5-16 添加素材【1-5f.jpg】 图1-5-17 添加素材【1-5g.jpg】

9. 添加【素材】→【1-5h.jpg】，并为它制作如图1-5-18所示的效果。

图1-5-18 添加素材【1-5h.jpg】

任务3 文本的创建与编辑

1. 添加如下文字：景德镇瓷器造型优美、品种繁多、装饰丰富、风格独特。瓷质"白如玉、明如镜、薄如纸、声如磬",青花、玲珑、粉彩、颜色釉,合称景德镇四大传统名瓷。薄胎瓷人称神奇珍品,雕塑瓷为我国传统工艺美术品。景德镇陶瓷艺术是中国文化宝库中的重要财富,效果如图 1-5-19 所示。

2. 为文字添加如图 1-5-20 所示的效果。

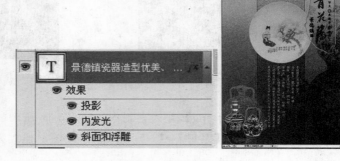

图 1-5-19　添加文字　　　　　　　　图 1-5-20　为文字添加效果

3. 添加【素材】→【1-5i.jpg】,使用【自由变换工具】调整它的形状和位置,最终效果如图 1-5-21所示。

图 1-5-21　最终效果

【知识链接】

一、图层混合模式综述

图层混合模式决定当前图层中的像素与其下面图层中的像素以何种模式进行混合,简称图层模式。Photoshop 中有 25 种图层混合模式,每种模式都有其各自的运算公式。因此,对同样的两幅图像,设置不同的图层混合模式,得到的图像效果也是不同的。根据各混合模式的基本功能,大致分为如图 1-5-22 所示的 6 类。

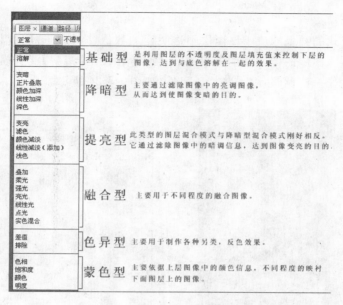

图 1-5-22 混合模式菜单

在学习图层混合模式之前，我们首先了解 3 个术语：基色、混合色和结果色。

◆基色：指当前图层之下的图层的颜色。

◆混合色：指当前图层的颜色。

◆结果色：指混合后得到的颜色。

二、混合模式详解

1.【正常】混合模式

在【正常】模式下，该图层所有的像素、颜色都是正常显示，不会与下面的图层有所交集。如果不调节不透明度，上面的图层将完全覆盖下面的图层，该模式为默认模式。执行【文件】→【打开】→【素材】命令，打开本案例素材【1-5j. jpg】和【1-5k. jpg】，将【1-5k. jpg】全选后复制到【1-5j. jpg】所在的文件下，并调整好大小，效果如图 1-5-23 所示。

图 1-5-23 【正常】混合模式效果

2.【溶解】混合模式

【溶解】混合模式的结果取决于该图层不透明度的数值,降低不透明度将会产生随机的点状图案,降得越低,该图层的像素就消失得越多。通常在设定【溶解】混合模式的同时,会在对该图层的不透明度作一些调整,效果将比较自然,如图 1-5-24 所示。

图 1-5-24　【溶解】混合模式效果

3.【变暗】混合模式

【变暗】混合模式在混合时,将绘制的颜色与基色之间的亮度进行比较,亮于基色的颜色都被替换,暗于基色的颜色保持不变。在【变暗】混合模式中,查看每个通道的颜色信息,并选择基色与混合色中较暗的颜色作为结果色,如图 1-5-25 所示。

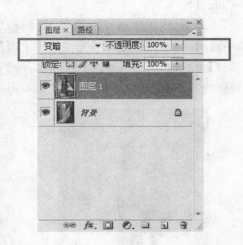

图 1-5-25　【变暗】混合模式效果

4.【正片叠底】混合模式

【正片叠底】混合模式用于查看每个通道中颜色信息,利用它可以形成一种光线穿透图层的幻灯片效果。其原理是将基色与混合色相乘,然后再除以 255,到了结果色的颜色值,结果色总是比原来的颜色更暗。当任何颜色与黑色进行正片叠底模式操作时,得到的颜色仍为黑色，因为黑色的像素值为 0；当任何颜色与白色进行正片叠底模式操作时，颜色保持不变，因为白色的像素值为 255。效果如图 1-5-26 所示。

5.【颜色加深】混合模式

【颜色加深】混合模式用于查看每个通道的颜色信息，使基色变暗，从而显示当前图层的混合色。在与黑色和白色混合时，图像不会发生变化。效果如图 1-5-27 所示。

图 1-5-26　【正片叠底】混合模式效果　　　　图 1-5-27　【颜色加深】混合模式效果

6.【线性加深】混合模式

【线性加深】混合模式同样用于查看每个通道的颜色信息，不同的是，它通过降低其亮度使基色变暗来反映混合色。如果混合色与基色呈白色，混合后将不会发生变化。混合色为黑色的区域均显示在结果色中，而白色的区域消失，这就是线性加深模式的特点。效果如图 1-5-28 所示。

7.【深色】混合模式

【深色】混合模式依据当前图像混合色的饱和度直接覆盖基色中暗调区域的颜色。基色中包含的亮度信息不变，以混合色中的暗调信息所取代，从而得到结果色。【深色】混合模式可反映背景较亮图像中暗部信息的表现。效果如图 1-5-29 所示。

图 1-5-28　【线性加深】混合模式效果　　　　图 1-5-29　【深色】混合模式效果

8.【变亮】混合模式

【变亮】混合模式与【变暗】混合模式的结果相反。通过比较基色与混合色,把比混合色暗的像素替换,比混合色亮的像素不改变,从而使整个图像产生变亮的效果。效果如图 1-5-30 所示。

9.【滤色】混合模式

【滤色】混合模式与正片叠底模式相反,它查看每个通道的颜色信息,将图像的基色与混合色结合起来产生比两种颜色都浅的第三种颜色,就是将绘制的颜色与底色的互补色相乘,然后除以 255 得到的混合效果。通过该模式转换后的效果颜色通常很浅,像是被漂白一样,结果色总是较亮的颜色。由于【滤色】混合模式的工作原理是保留图像中的亮色,利用这个特点,通常在对丝薄婚纱进行处理时采用滤色模式,效果如图 1-5-31 所示。

图 1-5-30 【变亮】混合模式效果　　　　图 1-5-31 【滤色】混合模式效果

10.【颜色减淡】混合模式

【颜色减淡】混合模式用于查看每个通道的颜色信息,通过降低对比度使基色变亮,从而反映混合色,除了指定在这个模式的层上边缘区域更尖锐,以及在这个模式下着色的笔画之外,【颜色减淡】混合模式类似于滤色模式创建的效果,效果如图 1-5-32 所示。

11.【线性减淡】混合模式

【线性减淡】混合模式与线性加深混合模式的效果相反,它通过增加亮度来减淡颜色,产生的亮化效果比滤色模式和颜色减淡模式都强烈。工作原理是查看每个通道的颜色信息,然后通过增加亮度使基色变亮来反映混合色。与白色混合时图像中的色彩信息降至最低,与黑色混合不会发生变化,效果如图 1-5-33 所示。

12.【浅色】混合模式

【浅色】混合模式依据当前图像混合色的饱和度直接覆盖基色中高光区域的颜色。基色中包含的暗调区域不变,以混合色中的高光色调所取代,从而得到结果色,效果如图 1-5-34 所示。

13.【叠加】混合模式

【叠加】混合模式实际上是【正片叠底】混合模式和【滤色】混合模式的一种组合模式。该模式是将混合色与基色相互叠加,也就是说底层图像控制着上面的图层,可以使之变亮或变暗。比 50％暗的区域将采用正片叠底模式变暗,比 50％亮的区域则采用滤色模式变亮,效果如

图 1-5-35所示。

图 1-5-32　【颜色减淡】混合模式效果　　　图 1-5-33　【线性减淡】混合模式效果

图 1-5-34　【浅色】混合模式效果　　　　图 1-5-35　【叠加】混合模式效果

14.【柔光】混合模式

【柔光】混合模式的效果与发散的聚光灯照在图像上相似。该模式根据混合色的明暗来决定图像的最终效果是变亮还是变暗。如果混合色比基色更亮一些，那么结果色将更亮；如果混合色比基色更暗一些，那么结果色将更暗，使图像的亮度反差增大，效果如图 1-5-36 所示。

15.【强光】混合模式

【强光】混合模式可以产生强光照射的效果，根据当前图层颜色的明暗程度来决定最终的效果变亮还是变暗。这种模式实质上同【柔光】混合模式相似，区别在于它的效果要比【柔光】混合模式更强烈一些。在【强光】混合模式下，当前图层中比 50% 灰色亮的像素会使图像变亮；比 50% 灰色暗的像素会使图像变暗，但当前图层中纯黑色和纯白色将保持不变。效果如图 1-5-37 所示。

图1-5-36 【柔光】混合模式效果　　　　图1-5-37 【强光】混合模式效果

16.【亮光】混合模式

【亮光】混合模式通过增加或减小对比度来加深或减淡颜色。如果当前图层中的像素比50％灰色亮，则通过减小对比度的方式使图像变亮；如果当前图层中的像素比50％灰色暗，则通过增加对比度的方式使图像变暗。亮光模式是【颜色减淡】混合模式与【颜色加深】混合模式的组合，它可以使混合后的颜色更饱和。效果如图1-5-38所示。

17.【线性光】混合模式

【线性光】混合模式是【线性减淡】混合模式与【线性加深】混合模式的组合。【线性光】混合模式通过增加或降低当前图层颜色亮度来加深或减淡颜色。如果当前图层中的像素比50％灰色亮，可通过增加亮度使图像变亮；如果当前图层中的像素比50％灰色暗，则通过减小亮度使图像变暗。与【强光】混合模式相比，线性光模式可使图像产生更高的对比度，也会使更多的区域变为黑色或白色。效果如图1-5-39所示。

图1-5-38 【亮光】混合模式效果　　　　图1-5-39 【线性光】混合模式效果

18.【点光】混合模式

【点光】混合模式其实就是根据当前图层颜色来替换颜色。若当前图层颜色比50％的灰色亮,则比当前图层颜色暗的像素被替换,而比当前图层颜色亮的像素不变;若当前图层颜色比 50% 的灰色暗,则比当前图层颜色亮的像素被替换,而比当前图层颜色暗的像素不变。效果如图 1-5-40 所示。

19.【实色混合】混合模式

【实色混合】混合模式下当混合色比 50% 灰色亮时,基色变亮;如果混合色比 50% 灰色暗,则会使底层图像变暗。该模式通常会使图像产生色调分离的效果,减小填充不透明度时,可减弱对比强度。效果如图 1-5-41 所示。

图 1-5-40　【点光】混合模式效果　　　图 1-5-41　【实色混合】混合模式效果

20.【差值】混合模式

【差值】混合模式将混合色与基色的亮度进行对比,用较亮颜色的像素值减去较暗颜色的像素值,所得差值就是最后效果的像素值。效果如图 1-5-42 所示。

21.【排除】混合模式

【排除】混合模式与【差值】混合模式相似,但【排除】混合模式具有高对比和低饱和度的特点,比【差值】混合模式的效果要柔和、明亮。白色作为混合色时,图像反转基色而呈现;黑色作为混合色时,图像不发生变化。效果如图 1-5-43 所示。

图 1-5-42　【差值】混合模式效果　　　图 1-5-43　【排除】混合模式效果

22.【色相】混合模式

【色相】混合模式是选择基色的亮度和饱和度值与混合色进行混合而创建的效果,混合后的亮度及饱和度取决于基色,但色相取决于混合色。效果如图 1-5-44 所示。

23.【饱和度】混合模式

【饱和度】混合模式是在保持基色色相和亮度值的前提下,只用混合色的饱和度值进行着色。基色与混合色的饱和度值不同时,才使用混合色进行着色处理。若饱和度为 0,则与任何混合色叠加均无变化。当基色不变的情况下,混合色图像饱和度越低,结果色饱和度越低;混合色图像饱和度越高,结果色饱和度越高。效果如图 1-5-45 所示。

图 1-5-44 【色相】混合模式效果　　　图 1-5-45 【饱和度】混合模式效果

24.【颜色】混合模式

【颜色】混合模式引用基色的明度和混合色的色相与饱和度创建结果色。它能够使用混合色的饱和度和色相相同时进行着色,这样可以保护图像的灰色色调,但结果色的颜色由混合色决定。【颜色】混合模式可以看作是饱和度模式和色相模式的综合效果,一般用于为图像添加单色效果,效果如图 1-5-46 所示。

25.【明度】混合模式

【明度】混合模式使用混合色的亮度值进行表现,而采用的是基色中的饱和度和色相。与颜色模式的效果意义恰恰相反,效果如图 1-5-47 所示。

图 1-5-46 【颜色】混合模式效果　　　图 1-5-47 【明度】混合模式效果

【参考案例】

音乐会海报设计效果如图 1-5-48 所示。

图 1-5-48　音乐会海报设计效果图

操作提示：复制、添加图层样式、矩形选框工具、渐变工具、合并图层、文字工具。

案例六　《小家碧玉》名片设计

【案例分析】

名片作为一个人、一种职业的独立载体，在设计上要讲究其艺术性。设计必须做到文字简明扼要，字体层次分明，艺术风格新颖。本案例制作的是一位楼盘销售总监的名片，选用经典的黑红颜色搭配，加上绚丽的金边给人一种高贵典雅的感觉。整个版面简单大气，便于记忆，具有很强的识别性，能让人在最短的时间内获得所需要的情报。《小家碧玉》特效字处理是整个画面的画龙点睛之笔！

【任务设计】

任务 1　名片艺术背景设计。

任务 2　名片特效标识设计。

任务 3　添加名片信息。

【完成任务】

任务 1　名片艺术背景设计

1. 执行【文件】→【新建】，创建一个空白文档。点击工具中的【渐变工具】，在【渐变编辑器】对话框中设置黑红渐变色，选择【渐变工具】设置栏中的【径向渐变】绘制背景，效果如图 1-6-1 所示。

2. 新建一个图层，命名为"底纹"。在工具箱中选择【🎨 自定形状工具】，在上方工具选项栏中设置自定义形状路径模式为"路径 ",【形状】为"花纹形状 ",接着在工作区拖出一个花纹形状,并按键盘【Ctrl＋Enter】键把花纹形状转换为选区,在工具箱中设置前景色的颜色为黄色"R:246,G:216,B:11",然后点击确定按钮,按【Alt＋Delete】键填充花纹,并复制很多花纹图层,选择所有花纹图层并向下合并(快捷键【Ctrl＋E】),效果如图 1-6-2 所示。

图 1-6-1　绘制背景

图 1-6-2　制作底纹

3. 选择【底纹】图层,单击【图层】面板,设置图层【混合模式】为"叠加",【不透明度】为"35％"。

4. 新建一个图层,使用【矩形工具】在中间区域绘制一个矩形,填充黑色,效果如图 1-6-3 所示。

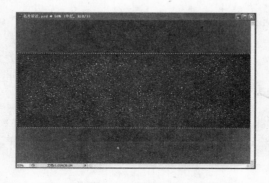

图 1-6-3　绘制矩形

5. 在矩形的上下边缘绘制矩形，并填充金黄色的渐变效果，黄色：【R:246,G:216,B:11】，灰色：【R:97,G:93,B:67】，如图1-6-4所示。

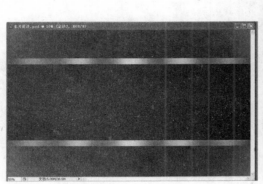

图1-6-4 绘制金边效果

任务2 名片特效标识设计

1. 新建一个图层，输入文字：小家碧玉，字体为：华文行楷，颜色为：绿色【02ff02】，效果如图1-6-5所示。

2. 双击图层，调出【图层样式】，设置【内阴影】，效果如图1-6-6所示。

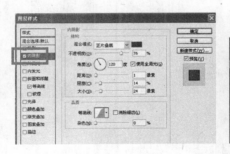

图1-6-5 输入文字　　　　　　　　　　　图1-6-6 设置【内阴影】

3. 单击【图层】→【图层样式】→【斜面和浮雕】，设置【斜面和浮雕】，效果如图1-6-7所示。

图1-6-7 设置【斜面和浮雕】

4. 设置【光泽】，效果如图 1-6-8 所示。

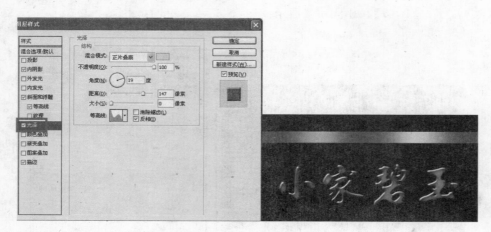

图 1-6-8　设置【光泽】

5. 设置【描边】，效果如图 1-6-9 所示。

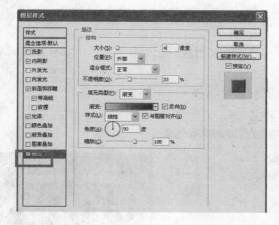

图 1-6-9　设置【描边】

6. 单击【文件】→【置入】命令，导入【素材】→【1-6a.jpg】，单击【图层】面板下方的【添加矢量蒙版 ◯】按钮，用【魔棒工具】选中白色背景，按【Delete】键删除，设置外发光效果，更改图层名称为"LOGO"，如图 1-6-10 所示。

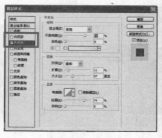

图 1-6-10　LOGO 效果

7. 调整特效字和 LOGO 的大小和位置，将"小家"两字置入 LOGO 上，效果如图 1-6-11 所示。

8. 用同样方法置入【素材】→【1-6b. jpg】，去除背景，放在 LOGO 图层下面，如图 1-6-12 所示。

图 1-6-11 调整后的效果

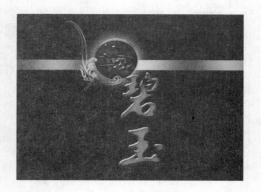

图 1-6-12 导入素材【1-6b. jpg】

9. 双击【1-6b. jpg】图层，调出【图层样式】，设置【内阴影】效果，如图 1-6-13 所示。

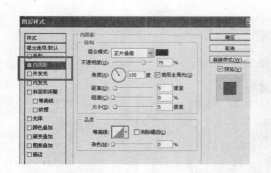

图 1-6-13 【内阴影】效果

10. 设置【外发光】，效果如图 1-6-14 所示。

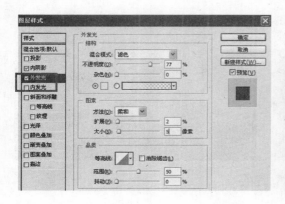

图 1-6-14 设置【外发光】

11. 设置【内发光】，效果如图 1-6-15 所示。

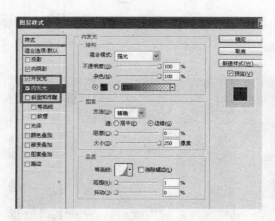

图 1-6-15　设置【内发光】

12. 设置【斜面和浮雕】，效果如图 1-6-16 所示。

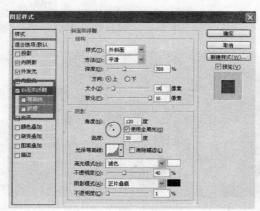

图 1-6-16　设置【斜面和浮雕】

13. 设置【颜色叠加】，效果如图 1-6-17 所示。

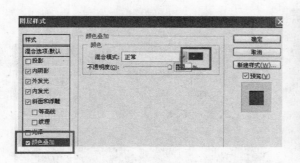

图 1-6-17　设置【颜色叠加】

14. 用同样的方法添加素材【1-6c. jpg】，效果如图 1-6-18 所示。

图 1-6-18　添加素材【1-6c. jpg】与调整后的效果

任务 3　添加名片信息

1. 点击【文字工具】，在左边输入"姓名"和"职务"，效果如图 1-6-19 所示。

2. 在右边输入"公司名称"、"地址"、"联系方式"等，效果如图 1-6-20 所示。还可以加入印章，效果如图 1-6-21 所示。

图 1-6-19　输入"姓名"和"职务"

图 1-6-20　输入其他文字

图 1-6-21　最终效果

【知识链接】

　　一、钢笔工具组

　　(1)【钢笔工具】　使用【钢笔工具】可以绘制准确、平滑、流畅的路径。该工具通过单击开始点和结束点的方法创建路径。

　　(2)【自由钢笔工具】　使用【自由钢笔工具】可随意绘图,相对于【钢笔工具】,比较灵活,就像用铅笔在纸上绘图一样。这种绘制方式对于初学者来讲,可能较难控制,经常会产生较多的无用的锚点。但是如果熟练掌握后即可大大地提高绘图时的工作效率。

　　(3)【添加锚点工具】和【删除锚点工具】　【添加锚点工具】可以为路径添加锚点,【删除锚点工具】可以将路径上多余的锚点删除。

　　(4)【转换点工具】　使用【转换点工具】可以将路径的平滑点转换为角点,也可以将路径上的角点转换为平滑点。

　　(5)路径编辑工具　【路径选择工具】只能选取矢量路径,包括形状、钢笔勾画的路径。被选择的路径可以进行复制,移动,变形等操作。【直接选择工具】可以选择和移动路径、锚点以及锚点两侧的方向点。使用【直接选择工具】选择路径,其路径上的锚点显示为白色,当锚点被选中时,锚点为黑色。

　　二、矩形工具组

　　1.【矩形工具】

　　可以在视图中绘制矩形或正方形的形状、路径和图像。

　　选择【矩形工具】,参照图 1-6-22 所示设置其工具选项栏,然后在视图中单击并拖动鼠标,绘制矩形图像。

图 1-6-22 绘制矩形

单击【几何选项】按钮，弹出【矩形选项】菜单，如图 1-6-23 所示。在弹出式调板中选择设置不同的选项，绘制的矩形效果不同。

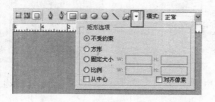

图 1-6-23 【矩形选项】菜单

1）【不受约束】选项为默认状态，选择该选项可以在视图中绘制任意大小或长宽比的矩形图像。

2）选择【方形】选项，在视图中只能绘制正方形图像，如图 1-6-24 所示。

3）选择【固定大小】选项，可以在 W 和 H 文本框中输入需要的数值，然后在视图中单击就可以得到固定数值的矩形图像，如图 1-6-25 所示。

图 1-6-24 绘制正方形

图 1-6-25 绘制固定大小的矩形

4）选择【比例】选项后，可以在 W 和 H 文本框中输入所需矩形图像的长宽比，可以在视图中绘制等比大小的矩形图像，如图 1-6-26 所示。

5）将【从中心】选项复选，可以从矩形图像中心向外绘制图形，如图 1-6-27 所示。

图 1-6-26 绘制等比大小的矩形

图 1-6-27 从中心向外绘制矩形

2.【圆角矩形工具】

选择【圆角矩形工具】，显示其选项栏，接着单击【几何选项】按钮，打开【圆角矩形选项】调板，设置调板中的选项和【矩形选项】调板中的选项设置相同。

3.【椭圆工具】

可以绘制各种形态的圆形。

4.【多边形工具】

如图 1-6-28,可以绘制等边的多边形图像或星形。

1)选择【多边形工具】,参照图 1-6-29 所示设置工具选项栏,然后在选项栏上单击【几何选项】按钮,打开【多变形选项】面板。

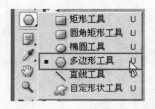

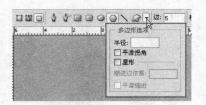

图 1-6-28　多边形工具　　　　图 1-6-29　【多边形选项】面板

2)使用【多边形工具】在视图中单击并拖移鼠标,绘制图像。如图 1-6-30 所示,该工具是从中心向外绘制图像。

3)设置选项栏中的【边】选项参数,可以指定多边形的边数,如图 1-6-31 所示。(提示:该选项的最小值为 3,最大值为 100。)

图 1-6-30　绘制多边形　　　　　图 1-6-31　【边】选项

4)设置【半径】选项参数,可以确定多边形中心点到外部点之间的距离,约束多边形的大小,如图 1-6-32 所示。

5)勾选【平滑拐角】选项可以绘制出拐角平滑的多边形图像,如图 1-6-33 所示。

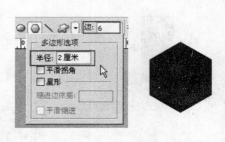

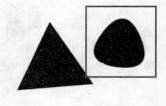

图 1-6-32　设置【半径】选项　　　　　图 1-6-33　【平滑拐角】

6)勾选【星形】选项,可以在视图中绘制星形图像,结合设置【边】选项,可以得到多种形状的图像,如图 1-6-34 所示。

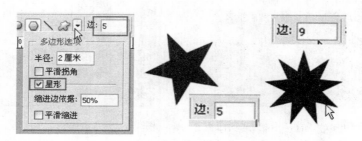

图 1-6-34　绘制星形图像

7）勾选【星形】选项后，【多边形选项】调板中的【缩进边依据】选项和【平滑缩进】选项变为可用状态。【缩进边依据】选项设置产生星形时边的缩进程度，如图 1-6-35 所示。

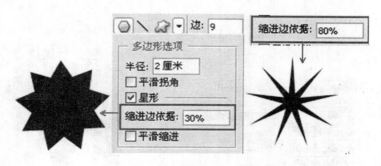

图 1-6-35　设置【缩进边依据】选项

8）勾选【平滑缩进】选项，将使星形缩进的角产生平滑的效果，如图 1-6-36 所示。

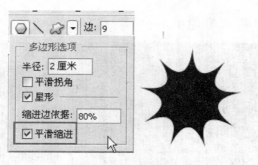

图 1-6-36　设置星形图像

5.【直线工具】

可以绘制直线或带有箭头的直线图像。

6.【自定形状工具】

1）选择【🐾自定形状工具】，在其工具选项栏上单击【几何选项】按钮，打开【自定形状】选项面板，如图 1-6-37 所示。

2）单击【形状】选项的下拉按钮，弹出【自定义形状】拾色器，如图 1-6-38 所示。我们可以从中选择形状效果。

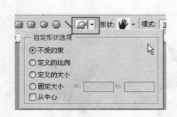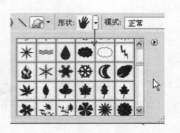

图 1-6-37　【自定形状】选项面板　　　　图 1-6-38　【自定形状】拾色器

3）如果默认状态下的形状效果不能满足工作需要，可以单击拾色器右上角的三角按钮，在弹出的菜单中选择【All】命令，弹出如图 1-6-39 所示对话框，单击【确定】按钮，即可将 Photoshop 中提供的所有预设形状载入到当前的拾色器中。

4）参照图 1-6-40 所示设置工具选项栏，使用【自定形状工具】在视图中绘制图像。

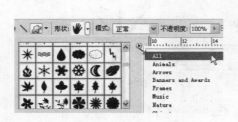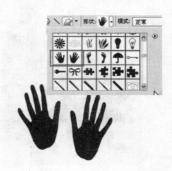

图 1-6-39　载入自定义形状　　　　　图 1-6-40　绘制图像

【参考案例】

特色名片设计效果如图 1-6-41 所示。

图 1-6-41　名片设计 2 效果图

操作提示：底纹、渐变工具、斜面和浮雕效果、内阴影、魔棒工具、图层样式。

模块二 图像合成（图像的合成与编辑）

案例一 低碳公益海报设计——最后一滴泪

【案例分析】

公益海报也属于海报类的一种，要求构思能超载现实，构图要概括集中，形象要简练夸张，画面效果要一目了然、简洁明确，使人在一瞬之间，一定距离外能看清楚所要宣传的事物。本案例主题体现了目前人类比较关心的问题，即全球变暖，环境恶化，倡导低碳生活，减轻人类给地球带来的压力。案例通过地球与雪山融化场景合成，使用蒙版、画笔等工具制作出雪山融化成一滴泪的效果，旨在体现地球向人类提出保护环境的诉求，低碳环保迫在眉睫。

【任务设计】

任务1 背景效果设计。

任务2 地球浮于水面效果设计。

任务3 冰山流泪效果设计。

任务4 文字编辑。

【完成任务】

任务1 背景效果设计

1. 新建文件，宽：13 厘米，高：18 厘米，背景内容：白色，分辨率：150 像素/英寸，对话框设置如图 2-1-1 所示，保存文件名为：最后一滴泪.psd。

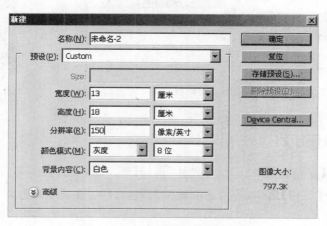

图 2-1-1 新建文件对话框

2. 打开本案例【素材】→【2-1a.jpg】文件，按【Ctrl＋A】键全选，按【Ctrl＋C】键复制，回到主文档，按【Ctrl＋V】键粘贴，按【Ctrl＋T】键进入变换状态调整大小与背景相符，如图 2-1-2 所示。

图 2-1-2　素材【2-1a.jpg】文件的添加效果

　　3. 单击【图层】面板上的【添加蒙版 ◎】按钮,设置渐变颜色由黑到白线性渐变,如图 2-1-3所示。

　　4. 选择渐变工具,在文档中由上至下拖动,注意不要拖到最下面,效果如图 2-1-4 所示。

图 2-1-3　添加蒙版、渐变编辑器设置　　　　　　　　图 2-1-4　创建渐变效果

任务 2　地球浮于水面效果设计

　　1. 打开本案例【素材】→【2-1b.jpg】文件,选择【 ✎ 魔棒工具】,容差:25,在白色背景区域单击,选择【选择】→【反相】命令,为地球创建选区,选择【 ✛ 移动工具】,将其拖动到主文档中,如图 2-1-5 所示。

　　2. 选择【 ✐ 套索工具】,在地球下方画出选区,如图 2-1-6 所示,按【Delete】键删除,如图2-1-7 所示。

　　3. 按【Ctrl＋D】取消选区,单击【图层】面板下方的【添加蒙版 ◎】按钮,选择【 ✐ 画笔工具】,笔触:柔角 45 像素,在地球下方涂抹,效果如图 2-1-8 所示。

图 2-1-5　添加素材【2-1b.jpg】效果　　图 2-1-6　套索工具创建选区

图 2-1-7　删除部分内容效果

图 2-1-8　画笔工具涂抹效果

4. 选择【✐橡皮擦工具】，笔触：柔角 65 像素，在下方画笔画过的地方涂抹，效果如图 2-1-9 所示。

5. 选择【图像】→【调整】→【亮度/对比度】命令，设置亮度为"－39"，对比度为"＋12"，如图 2-1-10 所示。

6. 打开本案例【素材】→【2-1e.psd】文件，选择【✱魔棒工具】，容差为 25，在黑色背景区域单击，选择【选择】→【反相】命令，为水花创建选区，选择【↔移动工具】，将其拖动到主文档中，按【Ctrl＋T】键调整大小及位置，如图 2-1-11 所示。

7. 同样道理，将素材【2-1f.psd】文件添加到主文档中，效果如图 2-1-12 所示。

图 2-1-9　橡皮擦处理效果　　　　　图 2-1-10　亮度/对比度调整

图 2-1-11　【2-1e.psd】文件添加效果　　　图 2-1-12　【2-1f.psd】文件添加效果

8. 选中【2-1f.psd】文件所在图层,选择【➕移动工具】,将其拖动到【2-1b.jpg】文件图层的下方,调整好位置,如图 2-1-13 所示。

任务 3　冰山流泪效果设计

1. 打开本案例【素材】→【2-1c.jpg】文件,按【Ctrl＋A】键全选,按【Ctrl＋C】键复制,回到主文档,按【Ctrl＋V】键粘贴,并调整大小,如图 2-1-14 所示。

图 2-1-13　图层调整效果　　　　图 2-1-14　素材【2-1c.jpg】的添加

　　2.选择【橡皮擦工具】，笔触：柔角 65 像素，在图片周围擦除，效果如图 2-1-15 所示。选择【套索工具】，创建选区，选择【编辑】→【变换】→【扭曲】命令，调整成冰山一角向下流淌效果，如图 2-1-16 所示。

　　　　　　图 2-1-15　橡皮擦处理效果　　　　　　　　　　图 2-1-16　扭曲变换效果

　　3.打开本案例【素材】→【2-1d.jpg】文件，选择【图像】→【图像大小】命令，宽度和高度均为 400 像素，如图 2-1-17 所示，用【矩形选框工具】选中眼泪部分，按【Ctrl＋C】键复制，如图2-1-18 所示。

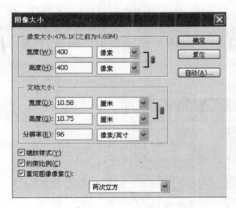

　　　　　　图 2-1-17　图像大小对话框　　　　　　　　　　图 2-1-18　选取效果

　　4.回到主文档，用【矩形选框工具】画出区域，如图 2-1-19 所示，选择【编辑】→【粘入】命令，调整好大小，如图 2-1-20 所示。

　　　　　　图 2-1-19　选区创建效果　　　　　　　　　　图 2-1-20　贴入效果

5. 选择【橡皮擦工具】,笔触:柔角 65 像素,在图片周围擦除,效果如图 2-1-21 所示。

任务 4 文字编辑

1. 选择文本工具,输入:最后一滴泪,字体:黑体,字号:50 点,再输入英文:The last drop tears,字体:Lucida Fax,字号:30 点,如图 2-1-22 所示。

图 2-1-21 眼泪效果处理　　　　　　　　图 2-1-22 文字录入

2. 选择【图层】→【图层样式】→【投影】命令,对话框如图 2-1-23 所示,投影效果如图2-1-24 所示。

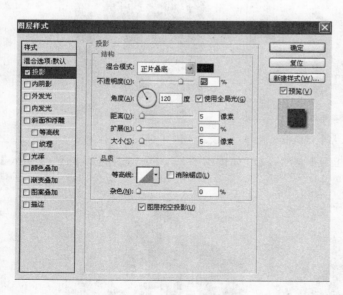

图 2-1-23 投影对话框　　　　　　　　图 2-1-24 投影效果

3. 这样,海报就完成了,最后效果如图 2-1-25 所示。

图 2-1-25　最后效果图

【知识链接】

一、图层及图层的应用

1. 认识图层

图层是使用 Photoshop 进行图像编辑、设计的最重要条件。没有图层，许多操作及效果将无法设计，只有灵活运用图层，才能更好、更快地完成图像的编辑及设计工作。现实设计中，一幅图像通常是由多个不同类型的图层通过一定的组合方式自下而上叠放在一起组成的，它们叠放顺序及混合方式直接影响着图像的显示效果。

2.【图层控制】面板

【图层控制】面板是对图层操作的主要平台，下面通过【图层控制】面板来了解图层及图层组，如图 2-1-26 所示。

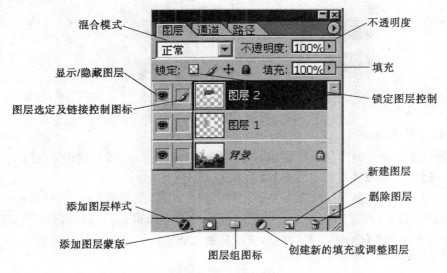

图 2-1-26　图层控制面板

二、图层的基本操作

1. 创建图层

1)单击图层控制面板中的【创建图层 🔲】按钮或按快捷键【Ctrl＋N】,图层会依照建立的顺序自动命名。

2)选中图片中某一区域,单击【图层】菜单中的【新建】→【通过拷贝的图层】命令,或按快捷键【Ctrl＋J】,可以将当前选区中的内容复制到新的图层中。

3)选中图片中某一区域,单击【图层】菜单中的【新建】→【通过剪切的图层】命令,或按快捷键【Ctrl＋Shift＋J】,可以将当前选区中的内容剪切到新的图层中。

2. 选择图层

Photoshop 中只能选择一个图层,在【图层】控制面板中用鼠标单击一下该图层即可,选中的图层的名称会显示在文档窗口的标题栏中,并且在【图层】控制面板中,该图层旁边会出现(画笔图标 🖊);如果使用工具中没有达到效果,说明没选对图层,检查【控制面板】,确保使用图层是所需图层。

3. 显示/隐藏层

在【图层】调板中,位于图层左侧的【小眼睛图标 👁】处于显示状态时,表示该图层是可见的。

单击【小眼睛图标 👁】,使其不可见时,即可在图像窗口中隐藏该图层;再次单击该图标,又可重新显示该图层,如图 2-1-27 所示。

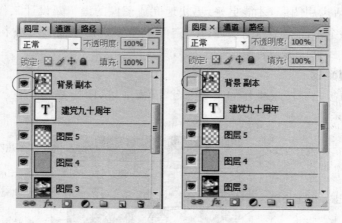

图 2-1-27　显示/隐藏层

4. 复制图层或图层组

1)在同一文件中复制图层或图层组。将图层或图层组拖动到【新建图层 🔲】按钮上,或选择【图层】→【复制图层】/【复制图层组】命令来完成。

2)在不同文件中复制图层或图层组。先打开两个文件,最好排在一起,然后在一个文件中使用【➤➕移动工具】将要复制的对象直接拖到目标文件中即可,也可以用【Ctrl＋C】键进行复制,回到另一文件中按【Ctrl＋V】键粘贴,完成复制工作。

5. 重命名图层

双击要改名的图层名称即可。

6. 删除图层

按下【Alt】键点击【图层】调板底部的【删除图层】图标，就能够在不弹出任何确认提示的情况下删除图层，而这个操作在通道和路径中同样适用。

7. 锁定图层

如果隐藏图层是为了在修改的时候保护这些图层不被更改的话，那么锁定图层则是最彻底的保护办法。在图层面板中有一个像锁一样的图标 🔒，选择要锁定的图层，然后点击这个图标就可以锁定图层了，图层锁定后图层名称的右边会出现一个锁图标，如图 2-1-28 所示。当图层完全锁定时锁图标是实心的，当图层部分锁定时，锁图标是空心的，如图 2-1-29 所示。

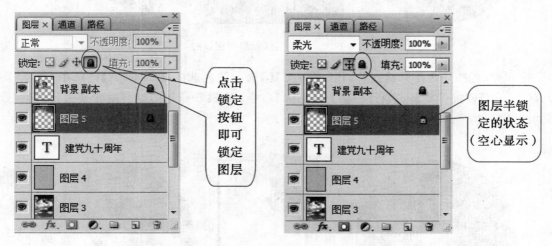

图 2-1-28　锁定图层图标　　　　　　　　图 2-1-29　图层半锁定的状态

另外图层面板的锁定列表中还有一个图标是【锁定透明像素】按钮，它将编辑操作限制在图层的不透明部分，如图 2-1-30 所示。

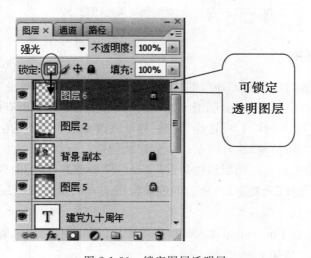

图 2-1-30　锁定图层透明层

8. 图层的贴入

【贴入】命令可以将图片粘贴至选定的区域内,如图 2-1-31 所示。

图 2-1-31　光盘实例效果组图(一)

贴入方法:打开两幅素材图片,用【魔棒工具】选中黑色选区,【Ctrl+A】键选中"荷花"图片,【Ctrl+C】键进行复制,执行【编辑】→【贴入】命令,再按【Ctrl+T】键自由变换进行调整,效果如图 2-1-32 所示。

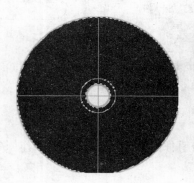

图 2-1-32　光盘实例效果组图(二)

三、图层组的应用

【图层组】可组织和管理相似或连续的图层,可以把图层组中的图层展开,也可以收起,可减少图层过多引起的混乱,也可在图层组上加图层蒙版,作用于组中所有的图层。

图层组的功能和图层一样,它可选择、复制、移动或改变组中图层的上下位置,可以轻而易举地把图层拖入或拖出图层组,或在图层组中创建新图层。

(1)图层组的应用　建立新图层组可通过【图层】→【新建】→【组】命令,也可以通过图层面板右上角圆三角按钮选择【新建组】命令。不过最常用的方法是点击图层调板下方的【新建图层组　　】按钮,如图 2-1-33 所示。

(2)嵌套图层组　在 Photoshop CS3 中,可以使用【嵌套图层】组来管理图层组,从而获得更多的图层组控制。方法如下:

1)将现有的图层组拖到【新建图层组　　】按钮上。

2)如果已有一个或多个图层组,直接单击【图层】控制面板中的【创建新图层组　　】按钮即可。

3）创建一个图层组后，按住【Ctrl】键并单击【创建新图层组▢】按钮。

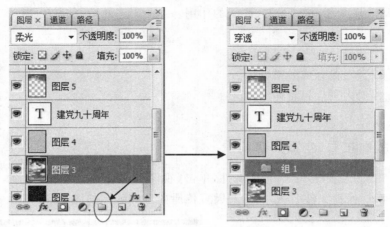

图 2-1-33　新建图层组

【参考案例】

低碳公益海报——谁赢了效果如图 2-1-34 所示。

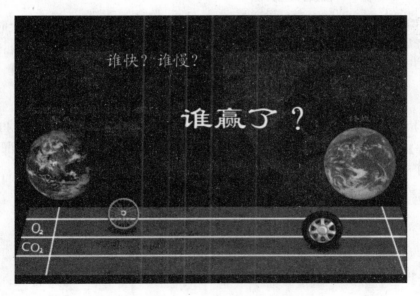

图 2-1-34　谁赢了效果图

案例二　"江山花园"宣传册内页设计

【案例分析】

目前产品宣传的形式有很多，如宣传单页、宣传折页、海报、宣传册、易拉宝、X 展架等，宣传册常被广泛应用到各类展销、产品宣传等场合，企业可以在上在面展示和介绍自己的产品，以便让客户更多的了解和认同。本案例的设计理念为将开发商的特色楼盘以创意的手法来表现，通过合成、特效文本编辑、图层样式等命令完成平面效果设计，用商品本身的魅力来说明了解公司的本质及经营理念，起到告知、说明的作用。

【任务设计】

    任务 1 版面布局、左页文字编辑。

    任务 2 右内页图像合成效果处理。

    任务 3 宣传册内页效果整体编辑。

【完成任务】

任务 1 版面布局、左页文字编辑

1. 新建一个 1299 像素×835 像素文件，单击【视图】→【新建参考线】命令，建立位置 648 像素的垂直参考线，保存文件名为"江山花园宣传册内页 .jpg"，如图 2-2-1 所示。

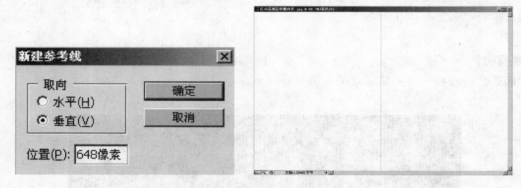

图 2-2-1 新建文件

2. 在图层左半部分输入大写字符 J，字号 800 点，字体：Old English Text MT，单击菜单栏中的【图层】→【文字】→【创建工作路径】命令，单击图层面板上 J 字符图层前的 👁 图标，将图层隐藏，即可看到在左半部分空白处 J 字型文字的工作路径，如图 2-2-2 所示。

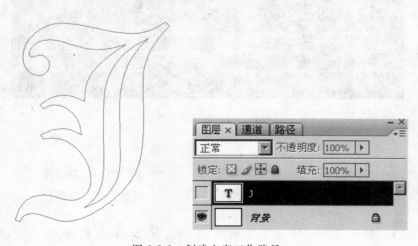

图 2-2-2 创建文字工作路径

3. 在工作路径内输入宣传文章，单击【T】工具，移至闭合路径内，当光标变成【ⓘ】时，将宣传文字粘贴到路径内，字号：13 点，如图 2-2-3 所示。

4. 按住【Ctrl】键，单击路径面板上的工作路径，将路径转换为选区，单击【选择】→【修改】→【边界】命令，设置边界值为 2，单击确定。新建图层，为其填充蓝色【R:61 G:214 B:242】，效果如图 2-2-4 所示。

5. 打开本案例【素材】→【2-2a.jpg】文件，用【魔棒工具】选中花图片，拖动到主文档中，调整至文字图层下方，单击【编辑】→【变换】→【水平翻转】命令，在图层面板中将透明度设置为 60％，效果如图 2-2-5 所示。

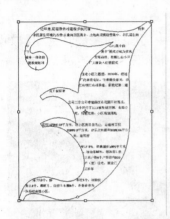 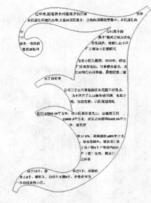 

图 2-2-3　路径文字效果　　　图 2-2-4　边界填充效果　　　图 2-2-5　花素材合成效果

6. 选择文本工具，并输入"江山花园"字样，字号：100 点，在【样式】窗口中选择样式：Black Anodized Metal，并应用，效果如图 2-2-6 所示。

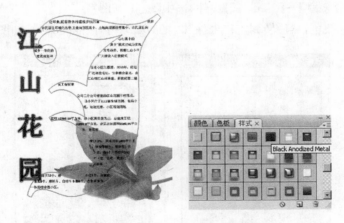

图 2-2-6　"江山花园"文字样式

任务 2　右内页图像合成效果处理

1. 打开本案例【素材】→【2-2b.jpg】文件，选中其下半部分按【Ctrl＋C】键复制，如图 2-2-7 所示。

2. 打开本案例【素材】→【2-2c.jpg】文件，按【Ctrl＋V】键，效果如图 2-2-8 所示。

图 2-2-7　白云图片选中效果

3. 选中白云图层，单击图层面板上【混合模式】，选择其中的【正面叠底】，选中【橡皮擦工具】，笔触模式设置为"柔角 65 像素"，然后在边缘处涂擦，效果如图 2-2-9 所示。

图 2-2-8　白云图片贴入效果　　　　　　图 2-2-9　白云图片调整后效果

4. 打开本案例【素材】→【2-2d.jpg】文件，选中【仿制图章工具】，按住【Alt】键的同时，在绿色的树上单击，吸取颜色，然后转到空白处涂抹，复制出绿树，注意要细致，如图 2-2-10 所示。

图 2-2-10　图章工具处理效果

5. 选中此图中楼房的部分，按【Ctrl＋C】键，回到【2-2c.jpg】文件，按【Ctrl＋V】键，用【魔棒工具】选中背景，单击【Delete】键删除，如图 2-2-11 所示。

6. 复制 5 份摆好位置，选中中间图层，单击【编辑】→【变换】→【缩放】命令，按边角处控点调整楼面大小，以产生不同楼面效果，如图 2-2-12 所示。

图 2-2-11　粘贴后效果　　　　　　　图 2-2-12　前景小楼合成后效果

7. 下面进行楼底部的效果设计，选中背景图层，用【钢笔工具】选中柳树部分，效果如图 2-2-13 所示。

图 2-2-13　背景柳树选择效果

8. 单击【路径】面板，按住【Ctrl】键单击工作路径，将路径转换成选区，单击【图层】→【新建】→【通过拷贝的图层】命令，为柳树创建新图层，选中该图层，将其移动到楼房图层的上面，如图 2-2-14 所示。

9. 将图像移至远处山边，单击【编辑】→【变换】→【扭曲】命令，调整如图 2-2-15 所示。

图 2-2-14 【2-2d.jpg】素材粘贴后效果

图 2-2-15 扭曲变换效果

10. 选中【橡皮擦工具】,设置笔触模式为:柔角 65 像素,在柳树图片的周围涂抹,使其产生融合朦胧的效果,如图 2-2-16 所示。

图 2-2-16 橡皮擦修改后效果

任务3 宣传册内页效果整体编辑

1. 单击【图层】→【合并可见层】命令，将【2-2c.jpg】文件图层进行合并，用【矩形选框工具】选中设计好的部分，按【Ctrl＋C】键进行复制，打开任务1中做好的【江山花园宣传册内页.psd】文件，按【Ctrl＋V】键，粘贴到主文件的右半部分；选择【编辑】→【变换】→【水平翻转】命令，调整好位置，如图2-2-17所示。

图2-2-17 【2-2c.jpg】与主文档合成效果

2. 单击【T横排文字工具】，输入"S"字母，字号：500，字体：Old English Text MT，输入"您理想的家"字样，设置好文本样式，效果如图2-2-18所示。

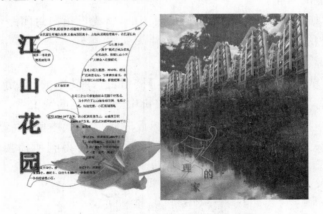

图2-2-18 内页右侧版面设计效果图

【知识链接】

一、创建路径文本

1. 路径文字的创建

在Photoshop中，文字可以沿路径绕排，并且既可以沿着开放路径绕排，也可以沿封闭路径绕排。另外，还可以在封闭路径的内部排列文字，就像在CorelDraw中工作一样。这是一项非常实用的功能，它大大增强了Photoshop的排版功能。

例如，创建如图2-2-19不封闭路径文字和图2-2-20所示封闭路径文字。

图 2-2-19　不封闭路径文字效果图　　　图 2-2-20　封闭路径文字效果图

方法：

1）用【🖋钢笔工具】在窗口中创建一个路径。

2）选择【T横排文字工具】，将光标指向路径，光标变为"⅄"时单击。

3）路径上出现一个起点"⅄"标记，一个终点"o"标记和插入点光标。

4）输入所需要的文字。输入完成后单击工具选项栏中的对号即可。

◆沿路径创建了文本后，图层面板中将产生一个新的文字图层，同时路径面板中也会出现一个新的路径。而图像窗口中的路径和文本是链接在一起的，移动路径或修改路径的形状时，文字会自动适应路径的变化。

◆输入文字时，如果图像窗口中的路径是封闭的，将光标指向封闭路径的内部时光标将变成"⏀"形状，此时单击鼠标，可以在封闭路径内输入文字。

2. 制作异型轮廓文字

1）新建一文件，单击工具栏中的【椭圆工具】按钮，选择其中的【自定义形状】工具，从【形状】选项栏中选择【鸟 2】，如图 2-2-21 所示，在窗口中绘制一鸟的图案。

2）在工具箱中选择【横排文字工具】，将光标放于飞鸟形状中间，直至光标转换为"⏀"，然后单击得到一个插入文本点，在插入点后面输入文字，即可得到所需要的效果，如图 2-2-22 所示。

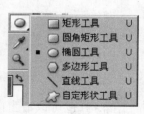
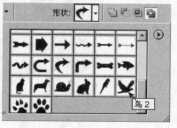

图 2-2-21　自定义形状工具栏　　　　　图 2-2-22　飞鸟形状文字

3. 输入点文本

使用【T横排文字工具】或【IT直排文字工具】，输入点文本的操作方法相同：选择工具箱中的【横排文字工具】或【直排文字工具】，在图像窗口中单击，当出现文本光标后，选择适当的输入法输入文字即可。

4. 将点文本转换成段落文本

要将点文本转换成段落文本，或是反操作，只需要在浮动面板上显示【T】的图层上右键点击，选择【转换为段落文本】即可，或是在菜单中选择【图层】→【文字】→【转换为段落文本】。

二、段落文本的使用

段落文本多用于描述性文字，当文字的批量较大时，可以使用段落文字，它主要用于排版。输入段落文本时将出现一个文本限定框，我们不但可以在限定框中输入文字，还可以同时对文本限定框进行旋转、缩放和斜切操作，这为排版带来了很大的方便。

1. 创建段落文本的方法

选择工具箱中的文本工具，在工具选项栏中设置字体、字号等选项，将光标移至窗口中，沿对角线方向拖动鼠标，创建一个文本限定框，如图 2-2-23 所示。在文本限定框中输入需要的文字，当文字到达限定框的右边界时将自动换行，如图 2-2-24 所示。如果要划分段落，可以按下回车键。

图 2-2-23　限定文本框图　　　图 2-2-24　段落文本自动换行

2. 设置段落文本属性的方法

使用【段落】控制面板设置段落属性，选择文字工具，在要设置段落属性的文字中单击插入光标，如果要一次性设置多段文字属性，用文字光标选中这些段落中的文字，然后选择【窗口】→【段落】命令或单击【字符】控制面板右侧的【段落三】标签，设置后单击【确定】。控制面板功能如图 2-2-25 所示。

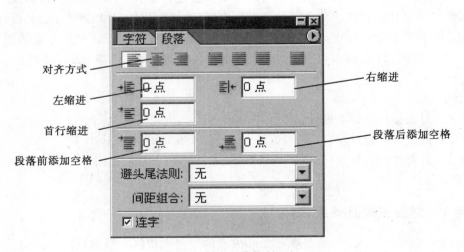

图 2-2-25　段落控制面板

◆避头尾法则：设置当前段落与上一段落之间垂直间距。

◆间距组合：确定汉语文字中标点、符号、数字及其他字符类别之间的间距。

◆连字：设置手动或自动断字，仅适用于"Roman"字符。

【参考案例】

云南大理风景区宣传册内页设计效果如图 2-2-26 所示。

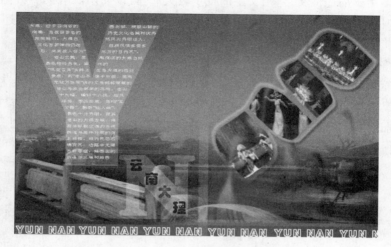

图 2-2-26　云南大理风景区宣传册内页设计

操作提示：文本工具、创建段落文本、图像合成。

案例三　售楼部封套设计

【案例分析】

一个地产项目经常会拥有多种不同的户型供购房者选择，因此需要一个可以专门用来存放户型单页的夹子，也就是封套，来对不同的户型单页进行整理，以方便销售人员及购房者查阅。本案例以写字楼项目的户型单页封套设计为例，讲解常用的尺寸设置方法及设计的一些注意事项。在封套设计过程中，应注意突出项目的标志、名称、广告语、销售电话等因素，封套设计通常分为封面、封底和插口三个部分，常用的尺寸为 21cm×28.5cm，插口部分的高度为 7～7.5cm。

【任务设计】

任务 1　封面布局及效果设计。

任务 2　内页效果设计。

任务 3　封套整体效果设计。

【完成任务】

任务 1　封面布局及效果设计

1. 新建一个 42.9 厘米×36.1 厘米，150 像素的文件。按【Ctrl＋R】键打开标尺，单击【视图】→【新建参考线】命令，为封套创建参考线：在垂直方向的 0.3cm、21.3cm、21.6cm、42.6cm

位置上各创建一根参考线，在水平方向的 0.3cm、28.8cm、29.1cm、35.8cm 的位置上各创建一根参考线，如图 2-3-1 所示，设计好后接着划分封套设计版面，如图 2-3-2 所示，将文件保存为"封套设计 .psd"。

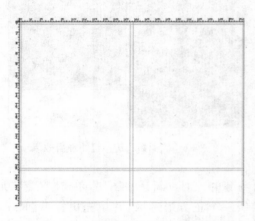

图 2-3-1　标尺及参考线

图 2-3-2　划分封套设计封面

　　2. 新建【图层 1】，按【Ctrl＋A】键创建全选，按住【Alt】键，单击【矩形选框工具】，从画面右下角向上拖动鼠标，修剪选区，修剪后的选区是用于设计的区域，如图 2-3-3 所示。

　　3. 设置填充颜色，前景色为【C：60，M：0，Y：18，K：0】的蓝色，背景色为【C：77，M：96，Y：0，K：0】的深粉色，如图 2-3-4 所示。单击【渐变工具】，选择【线性渐变】并设置前景到背景透明的方式，从上至下拖动鼠标，形成渐变效果。

图 2-3-3　修改区域布局

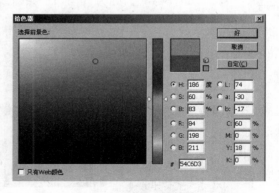

图 2-3-4　填充颜色设置窗口

　　4. 打开本案例【素材】→【2-3a. jpg】和【2-3b. jpg】文件，按【Ctrl＋A】键全选，【Ctrl＋C】键复制，将建筑图片粘贴到【封套设计 .psd】文件中，并调整位置。单击【图层】面板上【混合模式】按钮，改为"柔光"，效果如图 2-3-5 所示。

　　5. 选择【橡皮擦工具】，笔触模式为柔角 400 像素，在左侧图片上方涂抹，效果如图 2-3-6 所示。

图 2-3-5　素材与背景合成效果　　　　图 2-3-6　素材【2-3b.jpg】处理后效果

　　6. 接下来制作封套的细节部分,首先来设计封套的正面。新建一图层,单击【自定义形状工具】,选择其中的 Tile4 形状,按住【Shift】键绘制一个正方形选区,并填充由深蓝【R:7,G:13,B:130】到黑色【R:6,G:0,B:10】渐变,单击【图层】面板上【混合模式】按钮,改为"正面叠底",【透明度】为"65"。效果如图 2-3-7 所示。

　　7. 对蓝色区域添加地产项目的英文名称:TODAY BUSINESS CENTER 字样,设置字体:Poplar Std,字号:48 点,颜色:白色,注意三个单词分别放入不同图层。

　　8. 对文字进行修饰,选中第一个单词图层,按住【Ctrl】键同时单击该图层,设置填充渐变色为:由白色【R:255,G:255,B:255】至浅蓝色【R:163,G:241,B:235】,从上至下创建渐变效果,同理对下面的两个单词进行同样设置。

　　9. 在文字的下方添加中文名字,字体:华文中宋,字号为 20 点,其他字号为 15 点,填充蓝绿色【R:30,G:185,B:180】,并为其添加一条白线,效果如图 2-3-8 所示。

图 2-3-7　菱形区域效果　　　　　　图 2-3-8　文本效果设计

　　10. 接下来添加一个标志,设置前景色为【C:4,M:95,Y:31,K:0】的中粉色,单击【自定义形状工具】,选择【Bird2】的图形,绘制出一标志,按住【Ctrl】键,单击【路径】面板上的工作路径,创建选区,选中【渐变工具】,设置由前景到背景渐变,位置放在文字下方,并将【混合模式】设置为"强光"，如图 2-3-9 所示。

11. 选择【图层】→【图层样式】→【投影】命令，在出现的对话框中选择内投影、外发光、内发光、光泽等选项，效果如图 2-3-10 所示。

图 2-3-9　标志效果设计

图 2-3-10　添加图层效果设计

12. 在封套背面添加销售地址及联系电话，设置为：华文中宋，6 号，白色，电话字号为 24 号，字体为 Arial，白色，效果如图 2-3-11 所示。

任务 2　内页效果设计

1. 封套内页是指插在封套内部的一张张宣传单，所以大小应该是封面一半，单击【矩形选框工具】，沿参考线内侧画出一选区，如图 2-3-12 所示。

图 2-3-11　封套背面文字效果设计

图 2-3-12　内页选区创建

2. 选中背景图层，按【Ctrl+C】键复制，【新建】→【文件】命令，不用粘贴，就会建立一个按大小需要的内页文件了，填充前景色【C：6，M：28，Y：4，K：0】到背景色【C：67，M：86，Y：0，K：0】的线性渐变。

3. 在文件上方创建矩形选区，新建图层，填充同样的渐变色，单击【滤镜】→【扭曲】→【海洋波纹】命令,添加特效。

4. 在题头写上文字:高层观景电梯公寓 一个理想的居住家园。设置一种文字样式【blue paper clip □】,将封面上的箭头标志复制过来,写上文字:电梯花园洋房,同样设置一种样式【Brushed Metal Glossy □】,如图 2-3-13 所示。

图 2-3-13 内页顶部效果设计

5. 打开本案例【素材】→【2-3b.jpg】文件,按【Ctrl+A】键全选,按【Ctrl+C】键复制并粘贴到内页中,用【钢笔工具】沿楼边创建一路径,并转换成选区,如图 2-3-14 所示;单击【选择】→【修改】→【feather】命令,羽化值设为 50,然后单击【选择】→【反相】,按【Delete】键删除;【图层模式】设置为柔光;【透明度】设置为 60%。处理好的效果如图 2-3-15 所示。

图 2-3-14 【2-3b.jpg】选区创建　　　图 2-3-15 楼房图片与背景合成效果

6. 打开本案例【素材】→【2-3c.jpg】文件,按【Ctrl+A】键全选,按【Ctrl+C】键复制并粘贴到内页中,单击【自定义形状】→【圆角矩形工具】,在【2-3c.jpg】文件上创建圆角矩形路径,按住【Ctrl】键,单击【路径】面板上的工作路径,创建选区,效果如图 2-3-16 所示。

7. 单击【选择】→【反相】命令,按【Delete】键删除,然后再单击【反相】命令,并选择【选择】→【修改】→【边界】命令,值为 2,填充淡蓝色【R:169,G:245,B:246】,效果如图 2-3-17 所示。

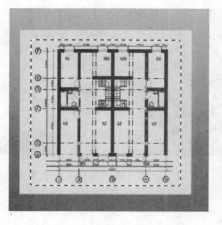

图 2-3-16 户型平面图合成效果

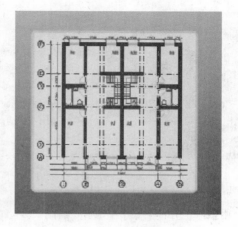

图 2-3-17 户型平面图效果

8. 用同样的方法将另一平面图合成到内页中，在内页左下角输入文字，效果如图 2-3-18 所示，这样，内页就设计完成。

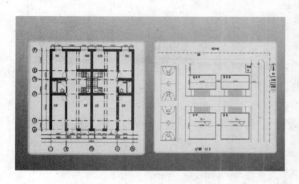

图 2-3-18 内页效果图

图 2-3-19 封套效果图背景

任务 3 封套整体效果设计

前面讲解封套设计是用于印刷的展开设计图，而在实际的工作中还要为封套设计出效果图模拟封套存放客户型单页时的视觉效果，接下来就设计效果图。

1. 新建一个宽 75 厘米、高 45 厘米、100 像素的文件，设置由黑色到白色线性渐变，效果如图 2-3-19 所示，将文件保存，名为"整体效果.psd"。

2. 将刚才设计好的"封套设计.psd"文件上半部分复制并粘贴到当前位图中，调整其大小，再复制一份填充成白色，效果如图 2-3-20 所示。

3. 选中彩色封面图层，单击【图层】→【图层样式】→【投影】，为其添加投影效果，同样为白色区域图层也添加投影效果。

4. 为右侧内页设计右下角带状效果，选中【矩形工具】，选中"封套设计.psd"文件中左下角部分，复制并粘贴到"整体效果.psd"文件中，如图 2-3-21 所示。

图 2-3-20　封套效果布局图　　　　　图 2-3-21　插页部分调整效果图

5. 用【钢笔工具】修剪左上角，如图 2-3-22 所示。

6. 按【Ctrl】键，单击【路径】面板上的工作路径，将路径转换为选区，按【Delete】键删除，单击【图层】→【图层样式】→【斜面和浮雕】命令，为其添加投影和浮雕效果，如图 2-3-23 所示。

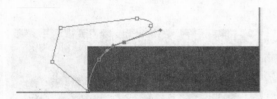

图 2-3-22　封套右下角弧形剪切路径　　　　　图 2-3-23　封套右下角弧形效果

7. 将刚刚设计好的内页插入到封套整体效果文件当中，调整其大小及图层，效果如图 2-3-24 所示。

图 2-3-24　封套最终效果

【知识链接】

一、单位与标尺

选择【编辑】→【预置】→【单位与标尺】命令，弹出如图 2-3-25 所示对话框。

1）标尺：单击此下拉列表，可以从中选择标尺单位，如像素、英寸、厘米等。

2）文字：单击此下拉列表，可以设置文字的度量单位。

3）打印分辨率：在该数值框中可以输入数值，以设置默认的打印分辨率。

4）屏幕分辨率：在该数值框中可以输入数值，以设置默认的屏幕分辨率。

5）PostScript（72 点/英寸）：如果图像在打印输出时使用 PostScript 设备，则应选择该选项。

6）传统（72.27/英寸）：如果图像在打印输出时使用传统设备，则应选择该选项。

二、参考线、网格和切片

选择【编辑】→【预置】→【参考线、网格和切片】命令，弹出如图 2-3-26 所示对话框。

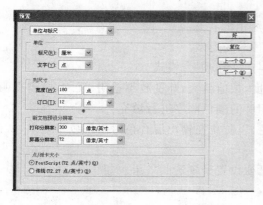

图 2-3-25　单位与标尺对话框

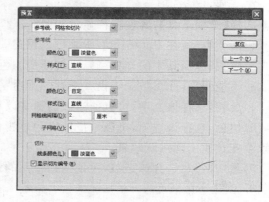

图 2-3-26　参考线、网格和切片对话框

【预置】对话框中的常用参数含义如下：

1）在【参考线】区域中，可以设置参考线的颜色及样式。

◆颜色：在该下拉列表中可以设置参考线的颜色，如果预设中的颜色无法满足要求，还可以单击该区域右侧的颜色块，在弹出的对话框中自定义一个参考线的颜色。

◆样式：在该下拉列表中可以将参考线的线形设置为"直线"和"虚线"。

2）在【网格】区域中，可以设置网格的颜色、样式、间距及子网格的数量。

◆颜色：在该下拉列表中可以设置网格线的颜色，如果预设中的颜色无法满足需要，还可以单击该区域右侧的颜色块，在弹出的对话框中自定义一个网格线的颜色。

◆样式：在该下拉列表中可以将网格线的线形设置为"直线"、"虚线"或网点。

◆网格线间隔：在该数值框中输入数值，可以设置网格线的间距，在后面的下拉列表中可以选择间距的单位。

◆子网格：在该数值框中输入数值，可以设置子网格的数值。

3）在【切片】区域中，可以设置切片显示的颜色及编号。

◆线条颜色：在该下拉列表中可以选择一种颜色作为切片线的颜色。

◆显示切片编号：选中该选项可以在创建切片时显示切片的编号。

三、渐变工具组

渐变工具组包括线性渐变工具、径向渐变工具、角度渐变工具、对称渐变工具和菱形渐变工具，这些渐变工具用于创建不同颜色间的混合过渡渐变的效果。

1. 操作步骤

1）在工具栏中选择【渐变工具】。

2）在 5 种渐变类型中选择合适的渐变类型，如图 2-3-27 所示。

图 2-3-27　渐变属性工具栏

3）单击【渐变效果框】下拉菜单，在弹出的【渐变类型】控制面板中选择合适的渐变效果，如图 2-3-28 所示。

4）在区域内拖动即可创建渐变。

2．渐变工具选项条

选择【渐变工具】，属性栏将显示如图 2-3-27 所示的状态。

1）渐变类型：在 Photoshop 中共可以创建 5 种渐变类型。

2）模式：选择其中的选项可以设置渐变颜色与底图的混合模式。

3）不透明度：此参数用于设置渐变的不透明度，数值越大，渐变越不透明；反之，则越透明。

4）反相：选择该选项，可以使当前的渐变以相反的颜色顺序进行填充。

5）仿色：选择该选项，可以平滑渐变的过渡色，以防止在输出混合色时出现色带效果，从而导致渐变过渡出现跳跃效果。

6）透明区域：选择该选项，可使当前使用的渐变设置呈现透明效果。

3．创建实色渐变

虽然 Photoshop 自带的渐变类型足够丰富，但在有些情况下，用户还需要自定义新的渐变，以配合图像的整体效果。

1）在工具选项条中选择任一种渐变工具。

2）单击渐变类型选择框，即可调出【渐变编辑器】对话框。

3）单击【预设】区域中的任意一种渐变，以基于该渐变来创建新的渐变。在此应选择一种与要创建的渐变最相近的渐变。

4）渐变类型：下拉列表中选择"实底"选项。

5）单击起点颜色色标，使该色标上方的三角形变黑，以将其选中。

6）单击对话框底部的【颜色】右侧的三角形按钮，弹出选项菜单，该菜单中各选项的含义如下：

◆选择"前景"以将该色标定义为前景色；

◆如果需要选择其他颜色来定义该色标，可选择"用户颜色"选项或双击色标，在弹出的【拾色器】对话框中选择颜色。

7）如果需要在起点与终点色标中添加色标，以将该渐变类型定义为多色渐变，可以直接在渐变条下面的空白处单击，然后定义该处颜色色标。

8）要调整色标的位置，可以按住鼠标将色标拖到目标位置，或在色标被先选中的情况下，在【位置】数值框中输入数值，以精确定义色标的位置。

9）如果需要调整渐变的急缓程度，可以拖动两个色标中间的菱形滑块。向左侧拖动，可以使右侧色标所定义的颜色缓慢向左侧色标所定义的颜色过渡；反之，如果向右侧拖动，则可使左侧色标所定义的颜色缓慢向右侧色标所定义的颜色过渡。

10）如果要删除选中状态下的色标，可以直接按【Delete】键，或者按住鼠标左键向下拖动，直至该色标消失为止。

11）拖动菱形滑块，可以定义该渐变的平滑程度。

12）完成渐变颜色设置后，在【名称】文本框中输入该渐变的名称。

13）如果要将渐变存储在预设置调色板中，单击【新建】按钮即可。

14）单击【好】按钮，退出【渐变编辑器】对话框，则新创建的渐变自动处于被选中状态。

4. 创建透明渐变

在 Photoshop CS3 中，用户除了可以创建不透明的实色外，还可以创建具有透明效果的渐变。创建具有透明效果的渐变，可以按下述步骤操作：

1）按照创建实色渐变的方法创建一个实色渐变。

2）在渐变条上方需要产生透明效果处单击，以增加一个透明的色标。在该透明色标处于被选中状态时，在【不透明度】数值框中输入数值以定义其透明度。

3）如果需要在渐变条的多处产生透明效果，可以在渐变条上多次单击，以增加多个不透明色标。

4）如果需要控制由两个不透明色标所定义的透明效果间的过渡效果，可以拖动两个色标中间的菱形滑块。

5. 创建杂色渐变

1）除了创建平滑渐变外，【渐变编辑器】对话框还允许定义新的杂色渐变，即在渐变中包含用户所指定的颜色范围内随机分布的颜色。

2）单击选项条中的渐变类型选择框，以调出【渐变编辑器】对话框。

3）在【渐变类型】下拉列表中选择"杂色"选项，如图 2-3-29 所示。

图 2-3-28　渐变编辑器

图 2-3-29　渐变编辑器

4）在【粗糙度】数值框中输入数值或拖动其滑块，可以控制渐变的粗糙程度，数值越大，则颜色的对比度越明显。

5）在【颜色模型】下拉列表中可以选择渐变中颜色的色域。

6）要调整颜色范围，可拖动滑块，对于所选颜色模型中的每个颜色组件，都可以通过拖动滑块来定义可接受值的范围。

7）选择【限制颜色】选项，可以避免杂色中出现过于饱和的颜色。

8）选择【增加透明度】选项，可以创建出具有透明效果的杂色渐变。

9）单击【随机化】按钮，可以随机得到不同杂色渐变。

【参考案例】

南粤之星小区封套设计效果如图 2-3-30 所示。

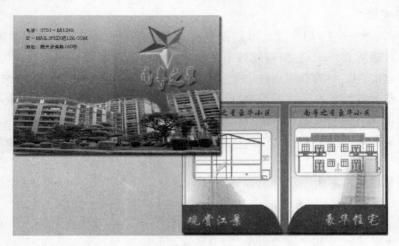

图 2-3-30　南粤之星小区封套设计图

操作提示：主要用到了图层调整及图层特效、文本、图像合成、合并图层、印章工具、钢笔工具等。

案例四　保护野生动物网页主界面设计

【案例分析】

网页美工是网站必备的第一项任务，美工不但给浏览该网站的人视觉享受，更是为网站功能添砖加瓦，主要应用在网络公司网站开发部、广告公司平面设计部、各企业网络管理部等岗位工作中。本案例通过网站主页设计，使读者了解网页设计的常识、熟悉网页设计的步骤，掌握 Photoshop 平面设计软件，能独立完成各种图案设计、美工处理、网页布局工作，且有创意。

【任务设计】

任务 1　片头主题设计。

任务 2　导航栏按钮设计。

任务 3　局部图像合成及排版。

任务 4　网页元素的分割。

【完成任务】

任务 1　片头主题设计

1. 新建文件：1024 像素×768 像素，分辨率为 200 像素，RGB 模式，白色背景，保存文件，名为：保护野生动物网页主界面设计 .psd，以下简称主文档。

2. 打开本案例【素材】→【2-4a.jpg】文件，按【Ctrl＋A】键全选，按【Ctrl＋C】键复制，回到主文档，按【Ctrl＋V】键粘贴，将【2-4a.jpg】复制粘贴到主页面的图层 1 中，如图 2-4-1 所示。

3. 选中【2-4a.jpg】图片中间水的部分，单击【编辑】→【变换】→【缩放】命令，将其水平放大至主界面宽度，如图 2-4-2 所示。

图 2-4-1 【2-4a.jpg】粘贴后效果　　　　图 2-4-2 图片【2-4a.jpg】放大后效果

4. 打开本案例【素材】→【2-4b.jpg】文件，按【Ctrl＋A】键全选，选中【移动工具】，将其移动到主文档右侧图层 2 中，如图 2-4-3 所示。

图 2-4-3 图片【2-4b.jpg】移动后效果

5. 选中【橡皮擦工具】，笔触选择"柔角 100 像素"，如图 2-4-4 所示，然后在【2-4b.jpg】图片的周围进行擦除处理，形成远山环绕的效果。

6. 新建图层 3，对处理后的图片再复制出一份，单击【编辑】→【变换】→【垂直翻转】命令，对齐到下面，单击【图层】面板，将透明度设置为 45％，形成倒影效果，如图 2-4-5 所示。

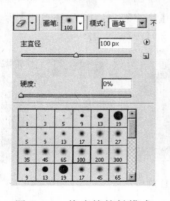

图 2-4-4 橡皮擦笔触模式　　　　图 2-4-5 远山倒影效果处理

7. 选中【图章工具】对水面上的波纹进行复制，使水纹均匀自然，用【矩形选框工具】选中图层 3 中下半部分，按【Delete】键删除，按【Ctrl＋E】键使其向下合并到同一图层，如图 2-4-6 所示。

图 2-4-6　片头背景效果处理

8. 新建图层 4，选择【T 横排文字工具】，输入文字：保护全球野生动物，字体：华文中宋，字号：40。单击文本工具栏上的【样式按钮 】，【样式】设置为"膨胀"，其他参数设置如图 2-4-7 所示。

9. 选中文字图层 4，右键单击，选择【栅格化图层】命令；按【Ctrl】键，单击图层 4，创建文字选区，选中【 渐变工具】，设置由绿色【R：91，G：236，B：132】至红色【R：255，G：0，B：25】线性渐变；单击【图层】→【图层样式】→【外发光】命令。

10. 打开本案例【素材】→【2-4c.jpg】文件，将其复制到主文档图层 5 中，将其图层调整至文字图层下方，效果如图 2-4-8 所示。

图 2-4-7　文字变形窗口图

图 2-4-8　文字与地球图片处理效果

任务 2　导航栏按钮设计

1. 新建图层 6，选中【矩形选框工具】，在片头下方创建一个 1024 像素×32 像素的选区，对其进行由淡蓝色【R：98，G：204，B：241】至淡粉色【R：255，G：227，B：238】渐变，使上下颜色衔接协调，如图 2-4-9 所示。

图 2-4-9　导航栏背景设计

2. 单击【 圆角矩形工具】，在上方属性栏中将设置半径为 15 像素，在空白处画一矩形；按【Ctrl】键，单击【路径面板】上的工作路径，创建选区，对其进行由下至上的线性渐变；然后单击【选择】→【修改】→【收缩】命令，收缩像素为 5 元素，新建图层，对其进行由上至下的线性渐变；按【Ctrl＋T】键，通过变换工具，改变其高度，处理好的效果如图 2-4-10 所示。

图 2-4-10　按钮设计过程

3. 用【文本工具】写上相应栏目内容，共有：主页、社会新闻、国家级保护动物、保护法规、宣传保护、法律常识、志愿者们在行动、给我们留言、保护动物图片等栏目。处理好的效果，如图 2-4-11 所示。

图 2-4-11　导航按钮设计

4. 对网页主体区域进行渐变设置，渐变色由淡绿色【R：192，G：241，B：243】至水粉色【R：255，G：227，B：238】，如图 2-4-12 所示。

图 2-4-12　网页主体区域渐变效果

任务 3　局部图像合成及排版

1. 登录、注册栏目设计

1）选择【圆角矩形工具】画出路径，按【Ctrl】键同时单击【路径】面板，将其转换成选区，填充蓝色【R：78，G：201，B：245】，然后在其上方再创建圆角路径，转换成选区后删除，如图 2-4-13 所示。

2）对登录界面进行编辑设计，添加文字标识，效果如图 2-4-14 所示。

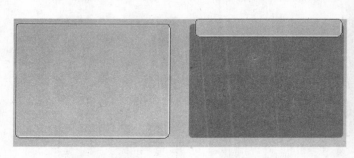

图 2-4-13　登录、注册栏目背景设计图

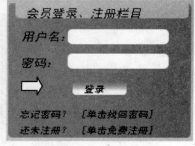

图 2-4-14　登录、注册栏目设计效果

2. 社会新闻栏目设计

1)同样用【圆角矩形工具】画出路径,转换成选区后填充,效果如图 2-4-15 所示。

2)为其添加新闻内容,效果如图 2-4-16 所示。

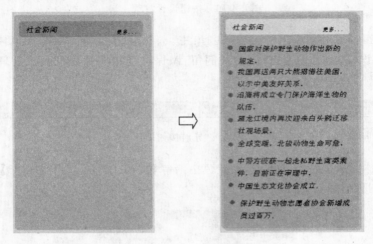

图 2-4-15 新闻栏目背景设计图　　图 2-4-16 新闻栏目编辑后效果

3. 国家一级保护动物简介栏目设计

1)同样都是用【圆角矩形工具】绘制边缘,并填充成需要的颜色,如图 2-4-17 所示。

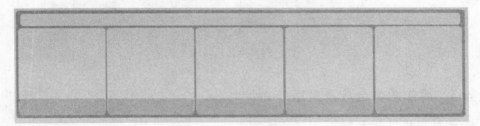

图 2-4-17 国家一级保护动物栏目背景编辑效果

2)同样用【圆角矩形工具】创建路径并转换成选区,打开本案例【素材】→【2-4f.jpg】文件,单击【编辑】→【粘贴入】,将图片合成到选区内,如果图像太大,则按【Ctrl＋T】键进行缩放调整,效果如图 2-4-18 所示,最后完成效果如图 2-4-19 所示。

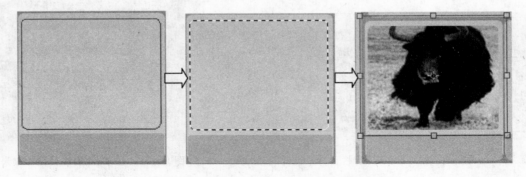

图 2-4-18 动物图片粘贴后效果

图 2-4-19　国家一级保护动物栏目编辑后效果

4. 其他栏目设计

同样的道理，设计出"志愿者在行动"栏目和"保护环境，人人有责"栏目，效果如图 2-4-20 所示。

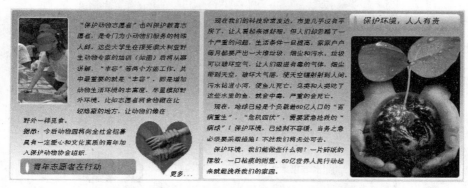

图 2-4-20　志愿者在行动栏目和保护环境栏目效果

5. 片尾栏目设计

1）在主界面底部绘出一个 1024 像素×50 像素的矩形区域，并填充线性渐变。再单击【单行选框工具】，如图 2-4-21 所示，新建图层，绘出一条无限长区域，填充成黑色，效果如图 2-4-22 所示。

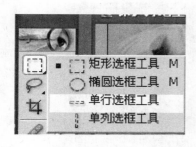

图 2-4-21　单行选框工具

图 2-4-22　片尾背景设计

2）为片尾添加注释信息，效果如图 2-4-23 所示。

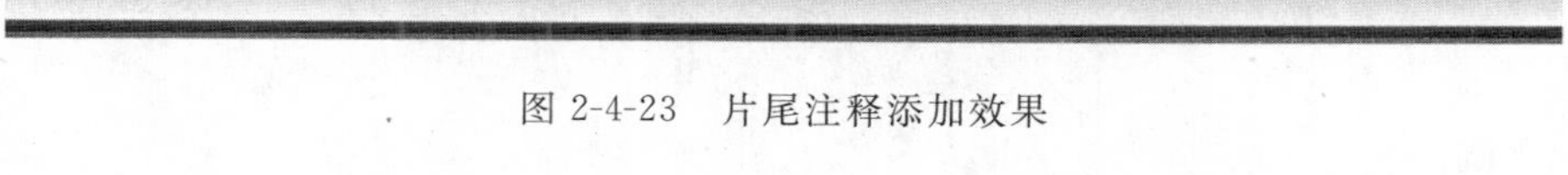

图 2-4-23　片尾注释添加效果

任务 4 网页元素的分割

1. 单击工具箱中的【切片工具】,如图 2-4-24 所示,在文档窗口中根据需要进行分割,效果如图 2-4-25 所示。

图 2-4-24 切片工具选框

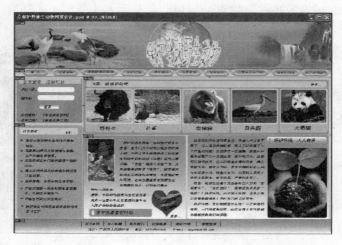

图 2-4-25 切片效果

2. 单击【文件】→【存储为 Web 和设备所用格式】命令,打开如图 2-4-26 所示窗口,单击【存储】按钮,完成文件 html 格式的保存。

图 2-4-26 【存储为 Web 和设备所用格式】窗口

【知识链接】

一、编辑图层

1. 改变图层顺序

【图层】控制面板中的堆放顺序决定图层或图层组的内容是出现在图像中其他图层内容的前面还是后面。

1）如果要更改图层或图层组，在【图层】控制面板中，将图层或图层组向上或向下拖动。当突出显示的线条出现在要放置图层或图层组的位置时，松开鼠标左键，如图 2-4-27 所示。

图 2-4-27　改变图层的顺序

2）要将图层移入图层组，可将图层拖到图层组文件夹 📁 序列1 ，图层会放置在图层组的底部。

3）选择图层或图层组，单击【图层】→【排列】命令，然后从子菜单中选取相应的命令。如果所选项目在图层组中，该命令应用于图层组中的堆放顺序；如果所选项目不在图层组中，则该命令应用于【图层】控制面板中的堆放图层，如图 2-4-28 所示。

排列(A)	▶	置为顶层(F)	Shift+Ctrl+]
对齐链接图层(I)	▶	前移一层(W)	Ctrl+]
分布链接图层(N)	▶	后移一层(K)	Ctrl+[
锁定组中的所有图层(B)		置为底层(B)	Shift+Ctrl+[

图 2-4-28　图层排列子菜单

2. 背景图层与普通图层之间的转换

使用白色背景或彩色背景创建新图像时，【图层】控制面板中最下面的图层为背景层。一幅图像只能有一个背景，无法更改背景图层的【堆放顺序】、【混合模式】或【不透明度】，但可以将背景图层转换为普通图层。这样就不会像背景层那样受限制。

（1）将背景层转换为普通图层　在【图层】控制面板中双击【背景图层】，根据需要设置图层名，如图 2-4-29 所示，单击【好】按钮，效果图如图 2-4-30 所示。

图 2-4-29　双击【背景】图层弹出【新图层】对话框　　　图 2-4-30　单击【好】按钮后变成【图层 0】

　　(2)将普通图层转换为背景图层　选中一个图层，单击【图层】→【新建】→【背景层】，注意只能有一个背景图层。

二、切片工具/切片选取工具

1.【切片工具】

用来对图片进行切片，其主要用于划出每个切片块的大小，规划总体切片的布局。

工具的选取如图 2-4-31 所示，选中【切片工具】，在图片上相应的位置从左上角向右下角拖动即可，如图 2-4-32 所示。

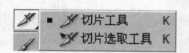

图 2-4-31　切片工具的选取　　　　　图 2-4-32　运用切片工具切割效果

2.【切片选取工具】

用来编辑切片，调整切割图片的面积或移动切割部分，双击被切割的部分，还可以直接建立网络链接地址，切片选取工具选项栏如图 2-4-33 所示。

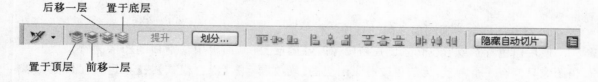

图 2-4-33　切片选取工具栏

　　1)在选项栏中单击【显示自动切片】按钮，文档中用户切片图像周围将产生几个自动切片，如图 2-4-34 所示。

图 2-4-34　图像周围将产生自动切片

2）如果在选项栏中单击【划分】按钮，将弹出【划分切片】对话框，设置该对话框可在选择的切片中根据需要进行切片划分，如图 2-4-35 所示。

图 2-4-35　设置【划分切片】

3）如果在选项栏中单击【提升】按钮，即可将所选择的自动切片转换为用户切片。如图 2-4-36 所示，首先使用【✏切片选择工具】，单击图像中的自动切片，然后单击选项栏中的【提升】按钮，将其转换为用户切片。

图 2-4-36　将自动切片转换为用户切片

4）对图像进行链接设置，图 2-4-37 所示为在【切片选择工具】选项栏中单击【为当前切片设置选项 ☰】按钮，弹出【切片选项】对话框。

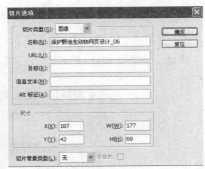

图 2-4-37　【切片选项】对话框

◆名称：设置链接块的名字。
◆URL：单击这个块时所链接的网址。
◆目标：设置是在原窗口打开链接，还是在新窗口打开链接。

◆信息文本：鼠标移到这个块时浏览器左下角显示的内容。

◆Alt 标记：图片属性标记，鼠标移到这个块时显示在鼠标旁的文本信息，当图片不能正常显示时可告诉浏览者这个图片的信息。

◆尺寸：设置块的 x、y 轴坐标，W、H 块的精确大小，这个用于需要设置十分精确的切片块。

◆切片背景类型：切片块的背景信息设置。

三、文本的变形与转换

1. 文字转换

(1)横排文字与直排文字之间的转换

1)输入文字。

2)在图像中选择要改变方向的文字。

3)确认文字工具被选中的情况下，选择【图层】→【文字】→【垂直】或【图层】→【文字】→【水平】命令，即可实现横排与直排文字的转换。

(2)点文字与段落文字之间的转换

1)在【图层控制面板】中选择【文字图层】。

2)选取【图层】→【文字】→【转换为点文本】或【图层】→【文字】→【转换为段落文本】。

(3)文字图层转换为图像图层　在 Photoshop 中，一些工具和命令不适用于文字图层，如绘画工具和滤镜效果等。如果要应用于文字图层，必须先栅格化文字图层，使文字图层转变为图像图层。

选中文字图层，单击【图层】→【栅格化】→【文字】命令，即转换成了图像图层。

(4)文字图层转换为工作路径　选中文字图层，单击【图层】→【文字】→【创建工作路径】命令，则可看到文字上有路径显示。

2. 使文字图层变形

使用变形可以扭曲文字以符合各种形状。【变形样式】是文字图层的一个属性，可以随时更改图层的变形样式以更改变形的整体形状。【变形】选项可以精确控制变形效果的取向及透视。不能变形包含【仿粗体】格式的文字图层，也不能变形使用不包含轮廓数据的字体的文字图层。

如果要变形文字，确认文字工具被选中的情况下，选择文字图层，并在选项栏中单击【创建变形文本】按钮✓，然后选择【图层】→【文字】→【文字变形】命令，从样式面板中选择合适的样式，如图 2-4-38 所示，如果要取消文字变形，从【样式】弹出菜单中选择【无】。

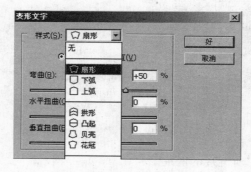

图 2-4-38　变形文字对话框

【参考案例】

时尚生活、饮食健康网页界面设计效果如图2-4-39所示。

图2-4-39   时尚生活、饮食健康网页设计效果图

操作提示：选区、修复画笔取样、自由变换、擦除工具，粘贴入。

案例五   浪漫婚纱影楼海报设计

【案例分析】

随着社会的不断发展前行，广告业也在飞速发展，其设计理念、设计手法也日趋成熟，表现手法多达十多种，而婚纱影楼海报的表现手法主要是通过颜色和唯美极致风格相结合，营造出幸福浪漫的主题。本海报的主题突出表现了一对幸福的恋人渴望步入结婚殿堂的场景，摄像效果的处理、相册的丰富既能吸引恋人们前来拍照，又能极大地宣传该影楼的业务。

【任务设计】

任务1   素材的整理。

任务2   心形效果设计。

任务3   文字主题的设计与编辑。

任务4   相册图片合成。

任务5   影楼标志设计。

【完成任务】

任务1   素材的整理

1. 婚纱摄影为求高清晰度，像素都比较高，因此在设计前根据海报的尺寸调整素材的大小，即打开素材，单击【图像】→【图像大小】命令，调整对话框设置，如图2-5-1所示。

2. 将本案例用到的素材大小均做调整，避免因拍摄像素过大而编辑速度太慢，调整后的效果如图2-5-2所示。

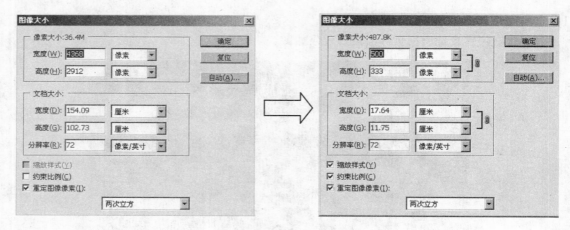

图 2-5-1　照片素材的整理

图 2-5-2　素材调整后效果

任务 2　心形效果设计

1. 打开本案例【素材】→【2-5a.jpg】文件，新建图层 1，用【钢笔工具】创建心形路径，然后单击【路径】面板下方的按钮 ○ ，将其转换成选区，如图 2-5-3 所示。

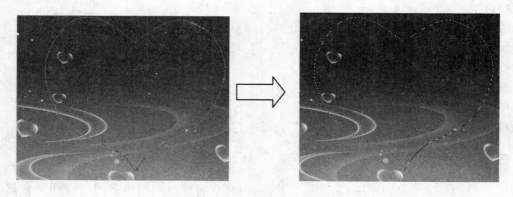

图 2-5-3　心形选区的创建

2. 创建线性渐变，渐变色分别为左【R：224，G：114，B：206】、中【R：255，G：250，B：255】、右【R：181，G：99，B：188】，如图 2-5-4 所示，并对其进行由左上到右下的线性填充，效果如图 2-5-5 所示。

图 2-5-4　渐变颜色设计　　　　　　　　图 2-5-5　填充效果

3. 单击【选择】→【修改】→【收缩】命令，收缩 50 个像素，如图 2-5-6 所示。

4. 单击【选择】→【修改】→【feather】命令，设置羽化值为 30，然后单击【Delete】键删除，效果如图 2-5-7 所示。

图 2-5-6　选区收缩后效果　　　　　　图 2-5-7　羽化删除后效果

5. 按【Ctrl】键，单击心形图案图层，将刚创建的心形图案选中，【Ctrl＋C】键复制，然后按【Ctrl＋V】键粘贴，形成图层 2，将两份重叠在一起；按【Ctrl＋T】键，将图层 2 上的图案缩小，将指针移动到角点处，进行旋转；单击【图层面板】，修改两个图层的透明度为 45%，效果如图 2-5-8 所示。

6. 打开本案例【素材】→【2-5b.jpg】，单击【通道】面板，选择【绿色】通道，对人物进行选取，效果如图 2-5-9 所示。

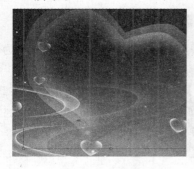

图 2-5-8　设置透明度后效果　　　　　图 2-5-9　通道创建选区效果

7. 单击【RGB】通道,按【Ctrl＋C】键复制,回到主文档,按【Ctrl＋V】进行粘贴,如图 2-5-10 所示。

8. 按【Ctrl】同时单击照片图层,为人物创建选区,单击【选择】→【修改】→【feather】命令,羽化值为 10;然后单击【选择】→【反相】命令,按【Delete】键,使边缘柔和;选中心形图案图层,将其移到照片上方,并调整好位置和大小,如图 2-5-11 所示。

图 2-5-10　粘贴后效果　　　　　　图 2-5-11　羽化调整后效果

9. 为突出头部明显效果,需将身体部位柔和化,用【🖋 钢笔工具】沿着心形图案外围创建路径,按【Ctrl】键,单击【路径】面板上的【工作路径】命令,转换成选区,如图 2-5-12 所示。

10. 单击【图层】→【新建】→【通过剪切的图层】命令,将身体部分剪切到新的图层,选中剪切出的图层,单击【图层】面板,将【透明度】设置 45％,如图 2-5-13 所示。

图 2-5-12　创建选区效果图　　　　　图 2-5-13　透明处理后效果

任务 3　文字主题的设计与编辑

1. 选中【T 横排文本工具】按钮,写上"为爱结婚"字样,并将"爱"字大小设置为 150,其他字大小 100,字体为华文中宋。

2. 选中文字图层,右键单击,选择【栅格化图层】命令,为文字填充由粉色【R:134,G:33,B:130】到深粉色【R:65,G:0,B:52】线性渐变效果,如图 2-5-14 所示。

3. 按【Ctrl】键,单击文本图层,创建文本选区,单击【选择】→【修改】→【扩展】命令,扩展量为 20,确定后新建图层,填充成白色;单击【选择】→【修改】→【feather】命令,设置羽化值为 15,并将文字图层移到最上层,效果如图 2-5-15 所示。

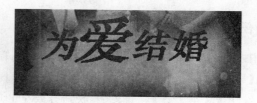

图 2-5-14　文字渐变效果　　　　　　　　图 2-5-15　创建选区效果

4. 打开本案例【素材】→【2-5j. jpg】、【2-5k. jpg】、【2-5l. jpg】文件,将素材添加到文字上方,单击【选择】→【修改】→【feather】命令,对三个素材进行羽化处理,使边缘柔和,效果如图 2-5-16 所示。

5. 选择【钢笔工具】画出图 2-5-17 所示图案,按住【Ctrl】键,单击【路径】面板上的工作路径,转换成选区,填充由白色到紫色【R:57,G:0,B:115】渐变色,最后效果如图 2-5-18 所示。

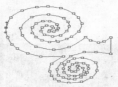

图 2-5-16　文字修饰效果　　　　　　　　图 2-5-17　图案路径的创建

图 2-5-18　图案填充编辑效果

任务 4　相册图片合成

1. 打开本案例【素材】→【2-5c. psd】相册图片,用【钢笔工具】创建路径,并转换成选区,效果如图 2-5-19 所示。

2. 打开案例【素材】→【2-5d. jpg】文件,选中部分内容复制,然后回到【2-5d. jpg】文件中单击【编辑】→【粘贴入】命令,效果如图 2-5-20 所示。

图 2-5-19　创建路径效果　　　　　　　　图 2-5-20　【粘贴入】效果

3. 其他相册制作方法同上。

任务 5　影楼标志设计

1. 用【钢笔工具】创作出心形和翅膀形路径,按【Ctrl＋Enter】键转换成选区,然后填充由红色【R:249,G:8,B:12】到蓝色【R:82,G:43,B:113】的放射状渐变。

2. 用【文本工具】写上文字,放到海报左上角的心形下方,效果如图 2-5-21 所示。

图 2-5-21　影楼标志绘制效果

3. 海报最后效果如图 2-5-22 所示。

图 2-5-22　影楼海报最后效果

【知识链接】

一、通道

1. 关于通道

在 Photoshop 中,通道的一个主要功能是保存图像的颜色信息。

1)RGB 模式的图像,它的每个一像素的颜色都是由红(R)、绿(G)、蓝(B)三个通道来记录的,而这三个通道组合定义后合成了一个 RGB 主通道。因此改变任一通道的颜色都会体现在 RGB 通道上。

2)CMYK 模式图像:颜色数据则分别由青色(C)、品红(M)、黄色(Y)、黑色(K)四个单独的通道组成一个主通道 CMYK。这四个通道相当于四色印刷中的四色胶片,即可以分色打印。

2. 通道控制面板

【通道】控制面板可用于创建和管理通道。该调板列出图像中的所有通道,最先列出复合通道,其次是颜色通道、Alpha 通道和专色通道。【通道】控制面板如图 2-5-23 所示。

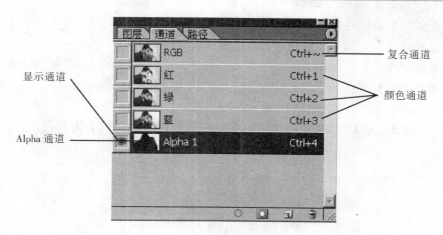

图 2-5-23 【通道】控制面板

二、Alpha 通道

在 Alpha 通道里，没有颜色信息，是将选区存储为灰度图像。它与图层蒙版一样，白色代表选区，黑色代表非选区，而灰色就代表有一定透明度的选区。而在 Alpha 通道里，可以与滤镜等多种工具结合使用，以便绘制出丰富多彩的选区，从而得到各种特殊效果。

1. 创建 Alpha 通道

单击【通道】控制面板底部的【创建新通道 ⬜】按钮，新通道将按创建顺序命名，如果创建 Alpha 通道的同时指定选项，则可以按住【Alt】键并单击新建按钮，可出现选项对话框，如图 2-5-24 所示。

2. 将选区存储为 Alpha 通道

首先要创建选区，然后单击【选择】→【存储选区】，出现如图 2-5-25 所示对话框，在对话框中设置相关选项后单击【好】按钮。

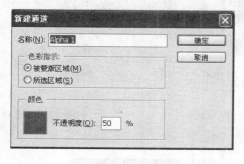

图 2-5-24 【新建通道】对话框

图 2-5-25 【存储选区】对话框

参数含义如下：

◆【文档】：在下拉列表中为选区选择目标对象，默认情况下，选区放在现用图像的通道内。可以选择将选区存储到其他打开的且具有相同像素尺寸的图像通道中，或存储到新图像中。

◆【通道】：从下拉列表框中为选区选择目标通道。默认情况下，选区存储在新通道中，可以选择将选区存储到选中图像的任意现在通道中。

◆【名称】：在文本框中为该通道输入一个名称。

◆【替换通道】：可以在通道中替换当前选区。

◆【添加到通道】：可以向当前通道内容添加选区。

◆【从通道中减去】：可以在 Alpha 通道的基础上减去当前选区所创建的 Alpha 通道。

◆【与通道交叉】：可以保持与通道内容交叉的新选区的区域。

下面通过简单的例子说明【选区存储为 Alpha 通道】的应用。

1）打开本案例【素材】文件夹下【2-5b.jpg】文件，选择【魔棒工具】为人物创建选区，如图 2-5-26 所示。

图 2-5-26　创建选区

2）在【通道】控制面板上单击【将选区存储为通道 ◯】按钮，得到效果如图 2-5-27 所示。

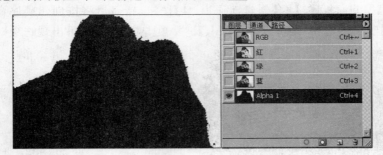

图 2-5-27　将选区存储为通道

3）在【通道】控制面板上单击【RGB】通道，与图 2-5-23 一样，只是通道中多了一个 Alpha 通道。

4）选择工具箱中的【魔棒工具】，将工具选项栏【容差】设置为"10"，其他默认即可，然后在图像上需要减去的地方创建选区，如图 2-5-28 所示。

图 2-5-28　创建减去部分选区

5）选择【选择】→【存储选区】命令，在弹出地对话框中【通道】下拉列表中选择"Alpha1"，【操作】选项选择【从通道中减去】，如图 2-5-29 所示。

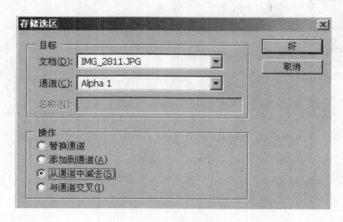

图 2-5-29　存储选区对话框

6）单击【好】按钮后，在【通道】控制面板中单击 Alpha1 通道，效果如图 2-5-30 所示。

图 2-5-30　选择 Alpha1 通道后效果

7）按住【Ctrl】键同时单击 Alpha1 通道，则人物选区就创建好了。

三、专色通道

指定用于专色油墨印刷附加印版，由于油墨本身存在着一定的颜色偏差，所以在一些高档的印刷品制作中，会在 CMYK 四色以外加印一些其他颜色，以求使用专用印版。

1. 创建专色通道

单击【通道】面板右上方的下拉按钮，弹出下拉选项，选择【新专色通道】，如图 2-5-31 所示。

2. 将 Alpha 通道转成专色通道

双击已有的 Alpha 通道名称后面的区域，在弹出的对话框中选择专色通道，如图 2-5-32 所示，单击【好】按钮。

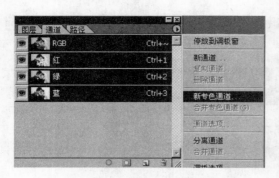

图 2-5-31　创建专色通道菜单　　　　图 2-5-32　Alpha 通道与专色通道转换

四、通道混合器

通道混合器只在 RGB 颜色、CMYK 颜色模式中起作用,而在其他颜色模式中不可用,且只作用于某通道局部透明区域。

1. 亮度与颜色变化规律

通道红:越亮,画面就越红(减绿);越暗就越绿(减红)。

通道绿:越亮,画面就越绿(减品);越暗就越品(减绿)。

通道蓝:越亮,画面就越蓝(减黄);越暗就越黄(减蓝)。

在 RGB 模式下,输出通道只有红、绿、蓝。

在 CMYK 颜色模式下,输出通道只有青色、洋红、黄色、黑色。

【通道混合器】面板中,红色百分比、绿色百分比、蓝色百分比是指原图通道相对应的通道红、通道绿、通道蓝参与计算的百分比。

2.【通道混合器】面板

选择【图层】→【新建调整的图层】→【通道混合器】命令,在对话框中任选一通道,单击【确定】按钮,如图 2-5-33 所示。

图 2-5-33　【通道混合器】

3. 通道混合器的应用

1)调整通道改变颜色:打开本案例【素材】→【2-5n.jpg】文件,RGB 模式,选择【图层】→【新调整图层】→【通道混合器】命令,将红色通道增至 128%,绿、蓝色保持不变,效果如图 2-5-34

所示。通道混合器面板效果如图 2-5-35 所示。

图 2-5-34　增加红色通道效果图　　　　　图 2-5-35　通道混合器面板

2）将红色通道减小至－45％，绿、蓝色保持不变，效果如图 2-5-36 示。

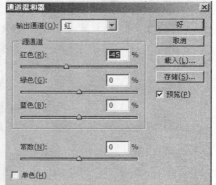

图 2-5-36　减少红色通道效果图

3）选择绿色通道，设置 G：－70％，B：＋48％，效果如图 2-5-37 所示。

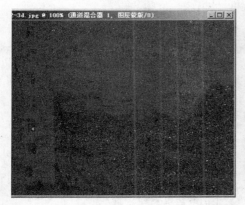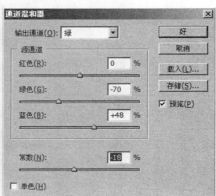

图 2-5-37　改变绿色通道和蓝色通道效果

4）黑白照片效果：打开本案例【素材】→【2-5m.jpg】文件，单击【图层】面板下方的【创建新的填充或调整图层按钮 ⬛.】，选择【通道混合器】命令，对话框设置如图 2-5-38 所示，人物效果如图 2-5-39 所示。

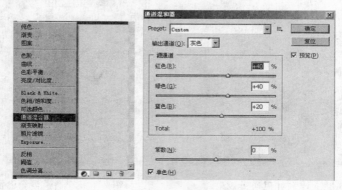

图 2-5-38　通道混合器单色设置

图 2-5-39　单色设置效果

◆勾选对话框左下角的【单色】前面空格，图像立即变成了灰色，但这仅仅只是红通道下的灰色效果，显然不是很理想。

◆再次选择通道混合器命令，设置参数【R：24，G：48，B：28】，注意三个百分比加起来不要超过 100%（这是经验），如图 2-5-40 所示。

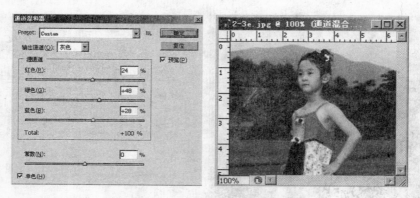

图 2-5-40　通道调整的最佳效果

【参考案例】

世纪情缘婚纱海报设计效果如图 2-5-41 所示。

图 2-5-41 婚纱海报设计效果图

操作提示：通道、路径、选区、修复画笔取样、自由变换、擦除工具，粘贴入。

案例六 主卧室效果后期处理与设计

【案例分析】

3DS Max 是制作室内效果图最常用的软件，但需要配置高的计算机和高级设计人员，要想达到理想效果，需要花费大量的时间和精力，比如窗帘的制作、花卉的制作是用 3DS Max 无法完成逼真效果的，目前很多室内设计师，在使用 3DS Max 完成建模后，都要通过 Photoshop 来完成最终效果的处理，使效果更加真实美观。本案例通过对主卧室的后期处理，完成顶灯光、窗帘、夜景、室内装饰等效果处理。

【任务设计】

任务 1 调整卧室整体色调。

任务 2 给卧室添加灯光效果。

任务 3 给卧室添加窗帘、电视等装饰品。

任务 4 处理窗户夜景合成效果。

【完成任务】

任务 1 调整卧室整体色调

1. 打开本案例【素材】→【2-6a. jpg】文件，双击背景图层，在出现的对话框中单击【确定】，将背景层转换成普通层，单击【图像】→【调整】→【亮度/对比度】命令，打开【亮度/对比度】对话框，设置参数如图 2-6-1 所示，单击确定，调整效果对比图如图 2-6-2 和图 2-6-3 所示。

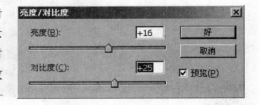

图 2-6-1 【亮度/对比度】参数设置对话框

图 2-6-2　调整前背景　　　　　　　　　图 2-6-3　调整后背景

　　2. 使用【多边形套索工具】将床头部分建立为选区,如图 2-6-4 所示。选择【图像】→【调整】→【亮度/对比度】命令,在弹出的对话框中,【亮度】设置为"＋26",【对比度】设置为"＋50",使床头色彩变亮,效果如图 2-6-5 所示。

图 2-6-4　调整前床头情景　　　　　　　图 2-6-5　调整后床头情景

任务 2　给卧室添加灯光效果

　　1. 用【钢笔工具】在吊顶灯的下方创建灯光路径,如图 2-6-6 所示。

图 2-6-6　创建灯光路径

2. 单击【路径】面板下方的【将路径转换为选区载入】按钮，操作及效果如图 2-6-7 所示。

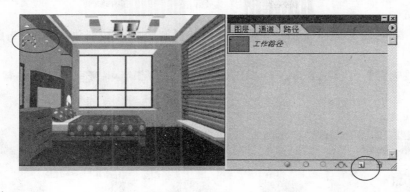

图 2-6-7　将路径转换为选区效果

3. 单击【选择】→【羽化】命令，【羽化】值设置为 10，填充白色，并复制出三份，通过【扭曲】命令调整形状，效果如图 2-6-8 所示，灯光处理的最后效果如图 2-6-9 所示。

图 2-6-8　扭曲灯光效果　　　　　　　　　　图 2-6-9　灯光处理后效果

4. 用【多边形套索工具】对床的左半部分创建选区，如图 2-6-10 所示，单击【Ctrl＋C】键，【Ctrl＋V】键，选中复制出的图层，单击【编辑】→【变换】→【垂直翻转】命令，调整透明度，并通过【扭曲】命令调整形状，形成灯光照射下的影子效果，同理对电视柜也做同样的效果处理，如图 2-6-11 所示。

图 2-6-10　创建选区　　　　　　　　　　　　图 2-6-11　倒影处理效果

任务3　给卧室添加窗帘、电视等装饰品

1. 打开本案例【素材】→【2-6c.jpg】文件,单击【魔棒工具】,创建选区,单击【Delete】键删除,如图 2-6-12 所示。

2. 单击【选择】→【反选】,按【Ctrl＋C】键和【Ctrl＋V】键,将窗帘复制到主背景中,调整位置,如图 2-6-13 所示。

图 2-6-12　创建窗帘背景选区　　　　　　图 2-6-13　复制了窗帘后的效果

3. 对床和电视柜应该挡住的部位创建选区,如图 2-6-14 所示,然后按【Delete】键删除。调整好位置的效果如图 2-6-15 所示。

图 2-6-14　对多显示的窗帘区域创建选区　　　　图 2-6-15　窗帘处理后效果

4. 同理,打开素材文件夹下的【2-6b.jpg】、【2-6d.jpg】、【2-6e.jpg】文件,选中后复制到主背景中,通过变换调整后效果如图 2-6-16 所示。

5. 打开【素材】→【2-6f.jpg】文件,按【Ctrl＋A】键全选后,按【Ctrl＋C】键复制,回到主场景,用【魔棒工具】对床头灰色区域创建选区,单击【编辑】→【粘贴入】命令,单击【编辑】→【变换】→【扭曲】命令,调整后效果如图 2-6-17 所示。

图 2-6-16　电视花草添加后效果　　　　图 2-6-17　床头照片粘贴入后效果

任务 4　处理窗户夜景合成效果

1. 隐藏窗帘图层，打开素材【2-6g.jpg】文件，按【Ctrl＋A】键全选后，按【Ctrl＋C】键复制，回到主场景，按【Ctrl＋V】键，如图 2-6-18 所示。

2. 隐藏夜景图层，用【魔棒工具】，按住【Shift】键对窗子空白区域建立选区，如图 2-6-19 所示。

图 2-6-18　夜景添加效果　　　　　　　图 2-6-19　窗户选区创建效果

3. 取消隐藏图层，如图 2-6-20 所示，并选中夜景图层，单击图层面板下方的【添加图层蒙版】按钮 ⬜，效果如图 2-6-21 所示。

图 2-6-20　取消隐藏层效果　　　　　　图 2-6-21　添加图层蒙版效果

4. 选中夜景图层,单击【图像调整亮度/对比度】命令,设置参数如图 2-6-22 所示,调整后效果如图 2-6-23 所示。

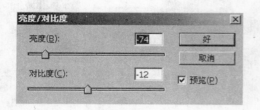

图 2-6-22 亮度/对比度参数设置　　　　图 2-6-23 最后完成效果图

【知识链接】

一、创建快速蒙版

1. 建立快速蒙版

【打开】→【素材】→【2-6h. jpg】,首先创建选区,如图 2-6-24 所示,然后单击工具箱底部的 按钮,图像上会蒙上一层红色透明蒙版,如图 2-6-25 所示。

图 2-6-24 创建选区　　　　图 2-6-25 创建快速蒙版效果

2. 设置快速蒙版

快速蒙版在默认情况下,是 50%不透明度的红色填充图像,可根据需要调整颜色和不透明度。双击工具箱中的【快速蒙版】 按钮,弹出如图 2-6-26 所示对话框,调整后的效果如图 2-6-27 所示。

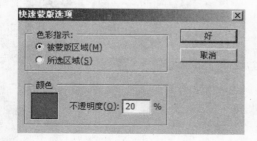

图 2-6-26 蒙版选项设置　　　　图 2-6-27 设置后的蒙版效果

二、图层蒙版

1. 创建图层蒙版

图层蒙版是一种特殊的蒙版，附加在目标图层上，用于控制选区中内容是隐藏还是显示。方法如下：

1）打开【2-6h. jpg】图片，调整好位置。

2）打开【2-6i. jpg】图片，复制一份到【2-6h. jpg】图片上方图层，如图 2-6-28 所示。

3）用【魔棒工具】在【2-6i. jpg】图片上创建选区，效果如图 2-6-29 所示。

4）单击图层面板下方的【添加蒙版】按钮 ，完成效果制作，如图 2-6-30 所示。

图 2-6-28　图层控制面板　　　　图 2-6-29　创建选区　　　　图 2-6-30　图层蒙版效果图

2. 编辑图层蒙版

（1）断开图层蒙版的链接　默认情况下，在图层面板中图层缩览图与图层蒙版之间会有一个链接图标 ，表示该图层与其蒙版链接在一起。如果移动或变换图层时，其图层蒙版也将随之移动。单击该【图标】或选择【图层】→【图层蒙版】→【取消链接】命令，即可断开链接，如果再次单击将重新链接。

（2）停用图层蒙版　如果要重新查看应用了蒙版的原图层效果，选择【图层】→【图层蒙版停用】命令，这时在缩览图上将会出现一个红色的×标志，而图层也将恢复到原始状态。

三、矢量蒙版

1. 创建矢量蒙版

矢量蒙版是通过路径工具创建的一种图层矢量蒙版。方法如下：

1）打开素材【2-6j. jpg】文件，按【Ctrl＋C】和【Ctrl＋V】键，将图片复制到新打开的【2-6k. jpg】文件上方，如图 2-6-31 所示。

2）用【钢笔工具】为人物创建路径，如图 2-6-32 所示。

图 2-6-31　复制图片效果　　　　图 2-6-32　绘制路径效果

3) 选择【图层】→【矢量蒙版】→【当前路径】命令,得到如图 2-6-33 所示的创建矢量蒙版效果。

图 2-6-33　矢量蒙版效果

2. 编辑矢量蒙版

矢量蒙版的操作与图层蒙版相似,由于是由路径创建的,因此也可以用路径的相关工具对其进行编辑。

1) 停用矢量蒙版:【图层】→【矢量蒙版】→【停用】命令。

2) 删除矢量蒙版:【图层】→【矢量蒙版】→【删除】命令。

3) 转换为图层蒙版:【图层】→【栅格化】→【矢量蒙版】命令。

【参考案例】

客房效果图后期处理设计效果如图 2-6-34 所示。

图 2-6-34　客房效果图后期处理设计效果图

操作提示:混合效果叠加、粘贴入、变换扭曲、多边形套索等命令和工具。

模块三 校色调色(图像颜色的调整)

案例一 多彩电脑广告设计

【案例分析】

电脑广告是商业广告的一种,商业广告的目的就是宣传和销售商品,这是区别于公益性广告的最大的特点。本案例设计运用了对色彩的强调和夸张的手段,色彩和色彩之间强烈的对比使整个画面显得非常的活泼动感,增强了画面的娱乐性。采用了多种色彩工具,如替换颜色、可选颜色、曲线等工具为案例中的多彩的图形添加变换效果,使本案例更具有突出的视觉效果。

【任务设计】

任务 1 对所需人物素材进行整理与调整。

任务 2 运用调整菜单设计五彩缤纷的背景图案。

任务 3 制作出带有色彩底纹的文字效果。

【完成任务】

任务 1 对所需人物素材进行整理与调整

1. 新建一个文件,宽度:21 厘米,高度:21 厘米,分辨率:150 像素/英寸,背景内容:白色,如图 3-1-1 所示。

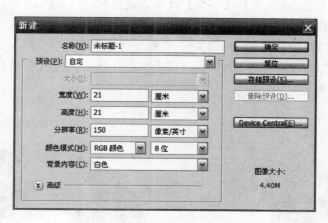

图 3-1-1 新建文件对话框

2. 打开本案例【素材】→【3-1a. psd】文件,选择【魔棒工具】,选择【钢笔工具】,在人物的周围创建封闭路径,按【Ctrl+Enter】键,创建各选区,选择【移动工具】,将素材【3-1a. jpg】拖动到主文档中,按【Ctrl+T】键调整大小和位置,使图像位于文件的右下方,如图 3-1-2 所示。

图 3-1-2　素材【3-1a.jpg】处理

3. 按【Ctrl】键同时单击人物图层,创建选区,按【Ctrl＋C】键复制,按【Ctrl＋V】键粘贴,如图 3-1-3 所示。

图 3-1-3　复制图层 1

4. 选中【图层 2】,选择【编辑】→【变换】→【垂直翻转】命令,按【Ctrl＋T】键调整旋转角度,在图层面板上调整【图层 2】的【不透明度】为 30％,创建倒影效果,如图 3-1-4 所示。

5. 打开本案例【素材】→【3-1b.psd】文件,按【Ctrl】键的同时单击图层 2 图标位置,创建各选区,选择【移动工具】,将素材【3-1b.jpg】拖动到主文档中,选择【编辑】→【变换】→【扭曲】命令,调整其位置和角度,效果如图 3-1-5 所示。

图 3-1-4　倒影效果　　　　　　　图 3-1-5　素材【3-1b.psd】添加变形效果

6. 打开本案例【素材】→【3-1c.psd】文件，按【Ctrl】键同时单击图层 1 图标位置，创建各选区，选择【移动工具】，将素材【3-1c.jpg】拖动到主文档中，选择【编辑】→【变换】→【扭曲】命令，调整其位置和角度，效果如图 3-1-6 所示。

图 3-1-6　素材【3-1c.psd】添加变形效果

7. 选择【图像】→【调整】→【色彩平衡】命令，调整色阶，即青色（－84），洋红（＋77），黄色（－72），调整后效果如图 3-1-7 所示。

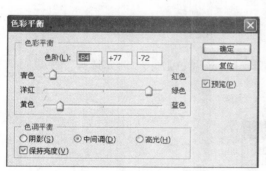

图 3-1-7　素材【3-1c.psd】调色后效果

任务 2　运用调整菜单设计五彩缤纷的背景图案

1. 单击【图层】面板上的【新建图层】按钮，用【椭圆选取工具】在文件中绘制一个正圆并且填充颜色（颜色可自选），如图 3-1-8 所示，重复上面的操作多绘制几个圆互相叠加起来，注意每个圆都要新建一个图层，如图 3-1-9 所示。

图 3-1-8　绘制圆　　　　　　　　图 3-1-9　绘制多个圆

2. 选中一个圆的图层,在【图层】面板上将透明度调整为 20%,同样方法,可以多设置几个圆的透明度,以产生透叠的效果,如图 3-1-10 所示。

图 3-1-10　调整不透明度

3. 选中某一圆的图层,选择【图像】→【调整】→【可选颜色】命令,例如选择绿色进行调整,圆的颜色将发生变化,如图 3-1-11 所示。

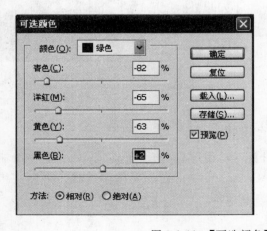

图 3-1-11　【可选颜色】调整效果

4. 选中某一圆的图层，选择【图像】→【调整】→【匹配颜色】命令，例如通过亮度、颜色强度进行调整，圆的颜色将发生变化，如图 3-1-12 所示。

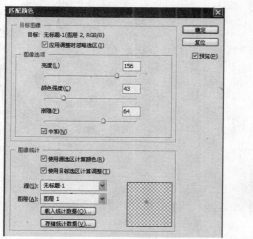

图 3-1-12 【匹配颜色】调整效果

5. 选中某一圆的图层，选择【图像】→【调整】→【替换颜色】命令来进行调整。例如通过色相、饱和度进行调整，圆的颜色将发生变化，如图 3-1-13 所示。

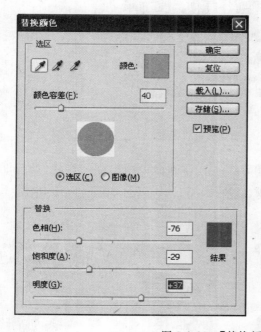

图 3-1-13 【替换颜色】效果

6. 先用【椭圆选取工具 ⬭】绘制一个正圆，然后选择【编辑】→【描边】命令，宽度和颜色可以视情况定，如图 3-1-14 所示，重复上面的步骤就可以做出多个圆环，如图 3-1-15 所示。

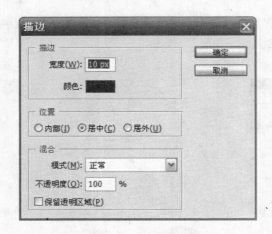

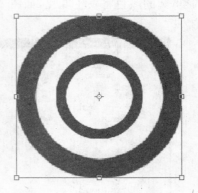

图 3-1-14　绘制圆环　　　　　　　　　图 3-1-15　绘制多个圆环

7．最后把绘制好的圆和圆环放置到画面中，让它疏密有序，如图 3-1-16 所示。

图 3-1-16　添加圆形素材效果

8．选择【🖈自定形状工具】中的【蝴蝶形状 🦋】，在画面中画出蝴蝶形状，如图 3-1-17 所示，按【Ctrl＋Enter】键，创建选区，并填充颜色【R：97，G：0，B：95】，如图 3-1-18 所示。

图 3-1-17　添加蝴蝶路径效果　　　　　　　图 3-1-18　填充颜色效果

9. 选择填充好的蝴蝶图案图层，右键单击选择【复制图层】命令，多复制出几个，按【Ctrl＋T】键改变它的大小和形状，如图 3-1-19 所示。

10. 选择【图像】→【调整】→【曲线】命令，对复制出的蝴蝶进行颜色调整，如图 3-1-20 所示。

图 3-1-19　蝴蝶图案的填充效果

图 3-1-20　蝴蝶图案的颜色调整

任务 3　制作出带有色彩底纹的文字效果

1. 选择最顶图层，按【Ctrl＋E】键向下合并，将做好的彩色圈圈效果合并为一个图层，命名为"彩色圈圈"。

2. 选择【T 横排文字工具】，在画面上输入文字：IMAGETODAY Design source 字样，字体：Small Fonts，字号：36 点，如图 3-1-21 所示。

图 3-1-21　添加英文

3. 选中【彩色圆圈】图层同时按下【Ctrl】键，创建彩色图案选区，如图 3-1-22 所示。

4. 按【Ctrl＋C】键复制，按【Ctrl】键的同时单击文本图层，创建字母的选区，如图 3-1-23 所示，选择【编辑】→【粘贴】命令，完成对字母的纹样填充，如图 3-1-24 所示。

5. 用【T 横排文本工具】加上一些附加的文字：Lenovo 联想 IDEAPAD S205 笔记本电脑（AMD BRAZOS E350 2G 500G 无线网卡 11.6 英寸 MEEGO LINUX 多彩），如图 3-1-25 所示。

图 3-1-22　选择圆环选区 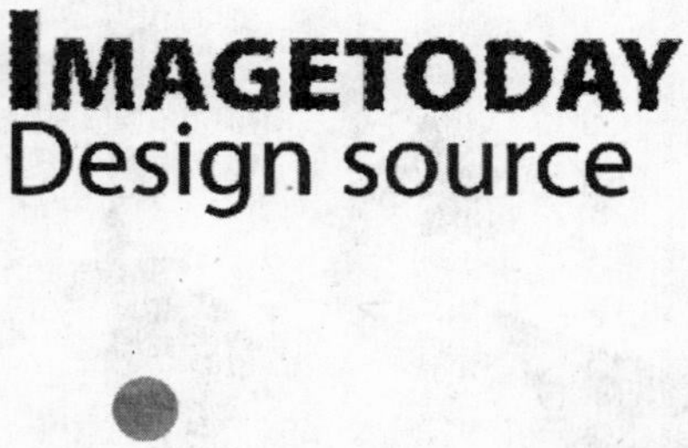　　　　　　　　　　　　图 3-1-23　选中字母选区

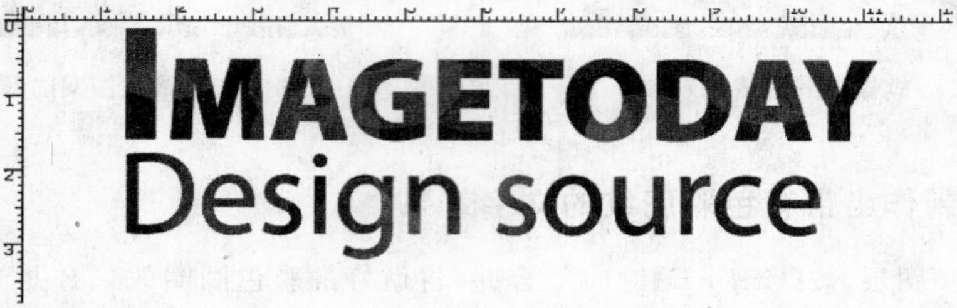

IMAGETODAY
Design source

图 3-1-24　图案文字效果

图 3-1-25　添加附加文字效果

【知识链接】

一、替换颜色

【替换颜色】命令允许用户先选定颜色，然后改变它的色度、饱和度和亮度值。

该选项组的 3 根游杆的功能与色相/饱和度对话框中的功能相同，只不过此处变为对所有颜色通道都起作用，相当于在【色相/饱和度】对话框中选择了全图选项。

【替换颜色】命令使用方法：

1）打开本案例【素材】→【3-1d.jpg】文件，选择【图像】→【调整】→【替换颜色】命令，打开对话框，如图 3-1-26 所示。

2）用【吸管工具】吸取图片上花朵的颜色，然后调整色相为 68，饱和度为 28，则花朵的颜色由原图 3-1-27 所示改变为图 3-1-28 所示。

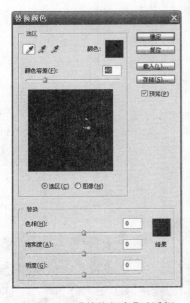

图 3-1-26 【替换颜色】对话框

图 3-1-27 原图 1

图 3-1-28 替换颜色的调整效果

二、可选颜色

打开【可选颜色】对话框，如图 3-1-29 所示，可以调整在颜色列表中设定的颜色。用户可以有针对性地选择红色、黄色、绿色、青色、蓝色、洋红、白色、中性色和黑色等。

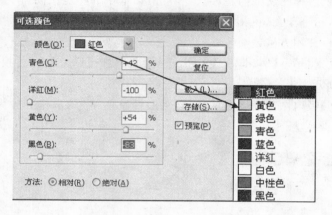

图 3-1-29 【可选颜色】对话框

【可选颜色】命令使用方法：

1)打开本案例【素材】→【3-1e.jpg】文件，选择【图像】→【调整】→【可选颜色】命令，打开对话框。

2)在颜色选项中选择红色，然后调整青色为＋42，洋红为－100，黄色为＋54，黑色为－83，则花朵的颜色由原图 3-1-30 所示改变为图 3-1-31 所示。

图 3-1-30 原图 2

图 3-1-31 改变后效果

三、色彩模式转换

由于实际需要，我们常常会将图像从一种模式转换为另一种模式。但由于各种颜色模式的色域不同，所以在进行颜色模式转换时会永久性地改变图像中的颜色值。

转换注意事项：

(1)图像输出方式　以印刷输出必须使用 CMYK 模式存储；在屏幕上显示输出，以 RGB 或索引颜色模式较多。

（2）图像输入方式　　在扫描输入图像时通常采用拥有较广阔的颜色范围和操作空间的RGB模式。

（3）编辑功能　　CMYK模式的图像不能使用某些滤镜,位图模式不能使用自由旋转、层功能等。面对这些情况,通常我们在编辑时选择RGB模式来操作,图像制作完毕之后再另存为其他模式。这主要是基于RGB图像可以使用所有的滤镜和其他的一些功能。

（4）颜色范围　　RGB和Lab模式可选择颜色范围较广,通常设置为这两种模式以获得较佳的图像效果。

（5）文件占用内存及磁盘空间　　不同模式保存时占用空间是不同的,文件越大占用内存越多,因此可选择占用空间较小的模式,但综合而言选择RGB模式较佳。

【参考案例】

多彩的丰田汽车海报效果如图3-1-32所示。

图3-1-32　丰田汽车海报效果图

操作提示:运用圆形选区工具、可选颜色、替换颜色、填充颜色等命令。

案例二　房产广告设计

【案例分析】

房地产广告(Real estate advertising)是指房地产开发企业、房地产权利人、房地产中介机构发布的房地产项目预售、预租、出售、租、项目转让以及其他房地产项目介绍的广告。本案例采用了多次的渐变效果突出图片的色彩的丰富性,并且在案例中的素材整理方面也运用到了魔棒、色相/饱和度、亮度/对比度等工具,使广告画面整体的色彩层次感加强。好的创意能提升品牌,提高品牌美誉度。

【任务设计】

任务1　基本框架及布局设计。

任务2　调整广告的整体颜色和细节修饰。

【完成任务】

任务1　基本框架及布局设计

1. 新建一个文件，宽度：21.61 厘米，高度：21.61 厘米，分辨率：150 像素/英寸，背景内容：白色，如图 3-2-1 所示。

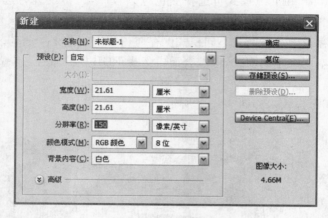

图 3-2-1　新建文件

2. 单击【图层】面板上的【新建图层】按钮，新建一个图层，选择【渐变工具】，在选项栏中选择【径向渐变】，设置渐变颜色由【R：0，G：142，B：196】至【R：5，G：41，B：55】渐变，创建由中心到外围的渐变，渐变效果如图 3-2-2 所示。

3. 选择【图像】→【调整】→【曲线】命令，输入：158，输出：127，如图 3-2-3 所示。

图 3-2-2　径向渐变效果

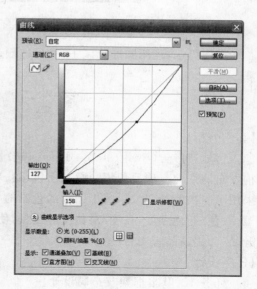

图 3-2-3　曲线调整对话框

4. 选择【矩形选框工具】，在画面上画出矩形选区，单击【图层】面板上的【新建图层】

按钮，新建一个图层，选择【🔥填充工具】，为其填充黑色，如图 3-2-4 所示。

5. 单击【图层】面板上的【新建图层🔲】按钮，新建一个图层，继续用【▦矩形选框工具】绘制一个长条形状矩形选区，在选项栏中选择【径向渐变▦】，设置渐变颜色由【R：239，G：238，B：204】至【R：221，G：144，B：0】渐变，创建由中心到外围的渐变，效果如图 3-2-5 所示。

图 3-2-4 填充建立矩形区域

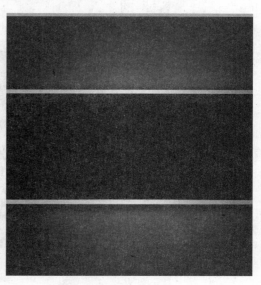

图 3-2-5 边缘效果的创建

6. 选择【图层】→【图层样式】命令，对边缘图案添加投影效果，对话框参数设置：混合模式为"正片叠底"，角度为"120"，距离为"11"，扩展为"37"，大小为"54"，如图 3-2-6 所示。

7. 打开本案例【素材】→【3-2a.jpg】文件，按【Ctrl＋A】键全选，按【Ctrl＋C】键复制，回到主文档，按住【Ctrl】键同时单击黑色图层，得到选区。选择【编辑】→【粘贴入】命令，按【Ctrl＋T】键调整大小，如图 3-2-7 所示。

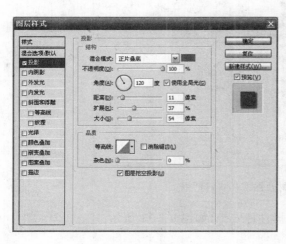

图 3-2-6 图层样式对话框

图 3-2-7 粘贴入效果

8. 打开本案例【素材】→【3-2b.jpg】文件,选择【图像】→【调整】→【色彩范围】命令,用【吸管工具】吸取黄色部分,颜色容差为 40,如图 3-2-8 所示。将其填充为绿色,放置在广告画面的四个角上,大小适中,效果如图 3-2-9 所示。

图 3-2-8 【色彩范围】的选取   图 3-2-9 放置画面效果

9. 打开本案例【素材】→【3-2c.jpg】文件,同样用【色彩范围】工具选出黄色的部分,并将其放置在矩形区域的下方,调整大小居中;选择【图层】→【图层样式】命令,加上投影效果,混合模式为"正片叠底",角度为"120",距离为"10",扩展为"24",大小为"23",如图 3-2-10 所示。

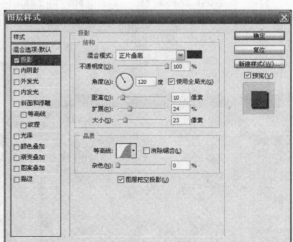

图 3-2-10 添加素材及图层样式对话框

10. 可根据自己的喜好,再加上点素材,选择性地安排,如图 3-2-11 所示。

图 3-2-11　添加素材

任务 2　调整广告的整体颜色和细节修饰

1. 选择工具栏上的【T横排文字工具】，添加文字：华丽的宴堂，颜色为黄色【R：250，G：241，B：0】，居中，如图 3-2-12 所示。

图 3-2-12　添加文字

图 3-2-13　选区

2. 再次选中椭圆形区域（见图 3-2-13），选择【图像】→【调整】→【色相/饱和度】，命令，如图 3-2-14 所示，【色相】为"16"，【饱和度】为"53"，调整后效果如图 3-2-15 所示。

3. 按【Ctrl＋D】命令取消选区，选择【图层】→【合并所有层】命令，将所有图层合并，选择【图像】→【调整】→【亮度/对比度】命令，【亮度】为"－5"，【对比度】为"15"，如图 3-2-16 所示。

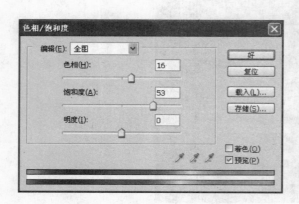

图 3-2-14　【色相/饱和度】对话框　　　　　　　图 3-2-15　调整后效果

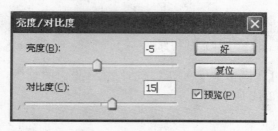

图 3-2-16　亮度/对比度设置

　　4．用同样方法调整整幅广告的【色相/饱和度】，【色相】为"＋12"，【饱和度】为"＋43"，如图 3-2-17 所示。

　　5．调整后最终效果如图 3-2-18 所示。

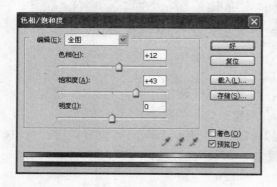

图 3-2-17　色相/饱和度设置　　　　　　　图 3-2-18　调整后效果

6. 最后还可以继续加上花纹和花边，运用【钢笔工具】和【选区工具】制作都可，使画面的效果更加美观，如图 3-2-19 所示。

图 3-2-19 完善后的效果

【知识链接】

一、去色

【去色】命令的主要作用是去除图像中的饱和色彩，即将图像中所有颜色的饱和度都变为0，也就是说将图像变为灰度图像。但与直接使用【图像】→【模式】→【灰度】命令转换灰度图像的方法不同，用该命令处理后的图像不会改变图像的色彩模式，只不过失去了彩色的颜色罢了。去色命令最方便之处在于可以只对图像的某一选择区域进行转化，不像灰度命令那样不加选择地对整幅图像发生作用。此外，去色命令不能直接处理灰度模式的图像。效果如图3-2-20所示。

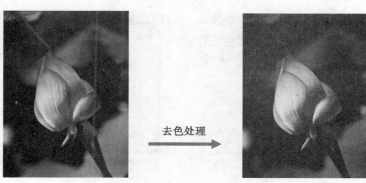

去色处理

图 3-2-20 去色处理

二、阈值

使用【阈值】命令可以将一个彩色图像或灰度图像变成一个只有黑白两种色调的图像。

其原理是,【阈值】命令会根据图像像素的亮度值把它们一分为二,一部分用黑色表示,另一部分用白色表示,其黑白像素的分配由"阈值"对话框中的阈值色阶选项来指定,其变化范围为1～255。阈值色阶的值越大,黑色像素分布越广,阈值色阶越小,白色像素分布越广。效果如图 3-2-21 所示。

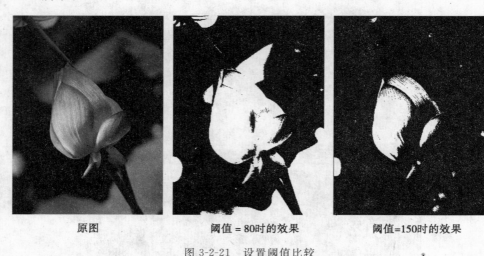

原图   阈值=80时的效果   阈值=150时的效果

图 3-2-21 设置阈值比较

三、调整色相及饱和度

1)【色相/饱和度】命令主要用于改变像素的色度及饱和度,而且,它还可以通过给像素指定新的色相及饱和度实现给灰度图像染上色彩的功能。

2)拖动对话框中的【色相】(范围－180～180)、【饱和度】(范围－100～100)和【明度】(范围－100～100)游杆或在其文本框中键入数值,分别可以控制图像的色度、饱和度及明度。在此之前在编辑列表框中选择全图选项,才能对图像中的所有像素起作用。若选中全图选项之外的选项,则色彩变化只对当前选中的颜色起作用。

【色相/饱和度】的调整效果:

1)打开素材,选择【图像】→【调整】→【色相/饱和度】命令,对话框如图 3-2-22 和图 3-2-23 所示。

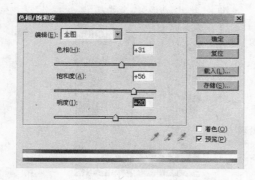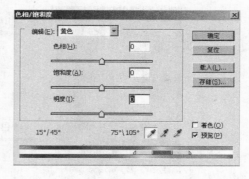

图 3-2-22 色相/饱和度全图对话框   图 3-2-23 色相/饱和度其他颜色对话框

　　2）调整【色相】为"＋31"，【饱和度】为"＋56"，【明度】为"＋20"，调整后效果如图 3-2-24 所示。

图 3-2-24　调整明度前后对比

　　3）当用户选中全图选项之外的选项时，对话框中的 3 个吸管按钮会被置亮，如图 3-2-23 所示。并且，在其左侧多了 4 个数值显示，这 4 个数值分别对应于其下方的颜色条上的 4 个游标。它们都是为改变图像的色彩范围而设的。

　　4）使用着色复选框可以将灰色和黑白图像变为彩色图像，但并不是将一个灰度模式或黑白颜色的位图模式的图像变成彩色图像，而是指 RGB、CMYK 或者其他彩色模式下的灰色图像和黑白图像。位图和灰度模式的图像是不能使用【色相/饱和度】命令的，要对这些模式的图像使用该命令，则必须先转化为 RGB 模式或其他彩色的模式。

　　着色的调整效果：

　　1）打开素材，选择【图像】→【调整】→【色相/饱和度】命令，选中【着色】选项，对话框如图 3-2-25所示。

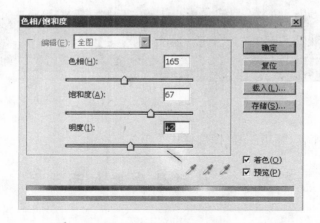

图 3-2-25　【色相/饱和度】着色选项对话框

2）调整【色相】为"165"，【饱和度】为"67"，【明度】为"＋2"，调整后效果如图 3-2-26 所示。

图 3-2-26　色相/饱和度着色选项调整效果

【参考案例】

　　"大美之影，岷江之景"房产广告效果如图 3-2-27 所示。

图 3-2-27　房产广告效果图

　　操作提示：色彩平衡、通道工具、图层样式等工具。

案例三　格兰仕手册封面设计

【案例分析】

　　格兰仕日用电器有限公司是集研发、生产、营销为一体的公司，产品领域主要包括冰箱、洗衣机、干衣机、洗碗机、酒柜等。在手册的封面设计中突出了格兰仕正向着"百年企业　世界品牌"的方向跃升。本案例在设计时注重了品牌的国际化特点,在画面处理方面也多次的运用通道工具对图层的色阶进行处理,使画面达到一种反转负冲的效果,大气和高贵的效果更起到了使该品牌成为家电制造领域的潮流引导者作用。

【任务设计】

　　任务 1　调整背景主色调,建立构架。

　　任务 2　添加 LOGO 及其说明文字部分。

【完成任务】

任务 1　调整背景主色调,建立构架

1. 新建一个文件,宽度:42 厘米,高度:29.7 厘米,分辨率:150 像素/英寸,背景内容:白色,如图 3-3-1 所示。

2. 打开本案例【素材】→【3-3a.jpg】文件,按【Ctrl＋A】键全选,按【Ctrl＋C】键复制,回到主文档,按【Ctrl＋V】键粘贴,按【Ctrl＋T】键调整好图像的大小,如图 3-3-2 所示。

图 3-3-1　新建文件对话框　　　　　　　　　　图 3-3-2　调整后的素材

3. 对图片进行反转负冲的效果调整,单击通道面板,选择蓝色通道,使用【图像】→【应用图像】命令,设置【图层】为"图层 1",【通道】为"蓝"、"反相",【混合】为"正片叠底",【不透明度】为"50",如图 3-3-3 所示。

图 3-3-3　应用图像

4. 选择通道面板上的绿色通道,使用【图像】→【应用图像】命令,设置【图层】为"图层1",【通道】为"绿"、"反相",【混合】为"正片叠底",【不透明度】为20,如图3-3-4所示。

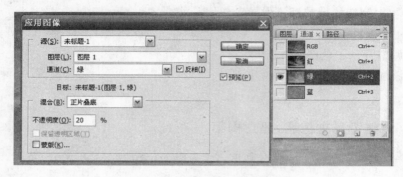

图 3-3-4　应用图像-绿色通道

5. 选择通道面板上的红色通道,使用【图像】→【应用图像】命令,设置【图层】为"图层1",【通道】为"红",【混合】为"颜色加深",【不透明度】为100,如图3-3-5所示。

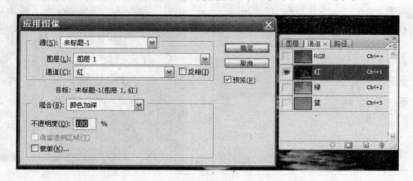

图 3-3-5　应用图像-红色通道

6. 选择【图像】→【调整】→【色阶】命令分别对蓝、绿、红三个通道进行设置,蓝色通道输入色阶为【25,0.75,250】,如图3-3-6所示;绿色通道输入色阶为【40,1.20,220】,如图3-3-7所示;红色通道输入色阶为【50,1.30,225】,如图3-3-8所示。

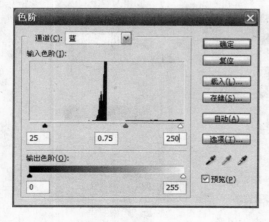

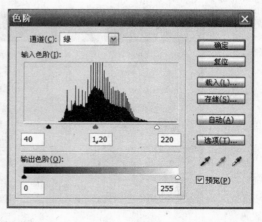

图 3-3-6　色阶-蓝通道　　　　　　　　　　图 3-3-7　色阶-绿通道

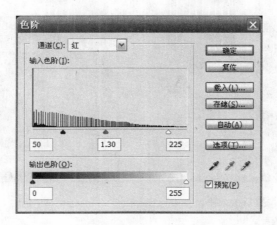

图 3-3-8　色阶-红通道

7. 接下来就是对整幅画面进行色彩的调整,选择【图像】→【调整】→【亮度/对比度】,设置【亮度】为"－5",【对比度】为"20",如图 3-3-9 所示;【色相/饱和度】设置为:【饱和度】为"15",如图 3-3-10 所示;【色彩平衡】设置为"0,－30,40",如图 3-3-11 所示。

图 3-3-9　亮度/对比度

图 3-3-10　色相/饱和度

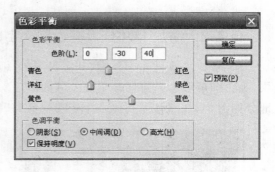

图 3-3-11　色彩平衡

8. 调整后效果如图 3-3-12 所示。

9. 打开【视图】→【标尺】命令,把光标放在标尺上面,点击并且拖动会出现一条参考线,把参考线放在文件的正中间 21cm 处,如图 3-3-13 所示。因为我们是做封面设计,同样也要考虑封底效果。

图 3-3-12 调整后的效果

图 3-3-13 参考线

10. 打开本案例【素材】→【3-3b.jpg】,【Ctrl＋T】调整大小放在文件的右侧,如图 3-3-14 所示。

11. 应用【图像】→【调整】→【色彩平衡】命令调整画面颜色,设置【色阶】为"－30,30,0", 如图 3-3-15 所示。

图 3-3-14 添加素材

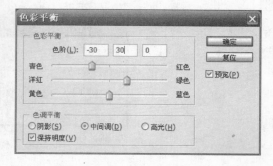

图 3-3-15 色彩平衡

任务2　添加 LOGO 及其说明文字部分

1. 为 LOGO 做一个外框,其实很简单,用【矩形选框工具】做就可以了。首先新建一个图层,画一个矩形选区并且填充为白色如图 3-3-16 所示,在其内部再画一个矩形选区去掉白色部分如图 3-3-17 所示,再画一个矩形选区如图 3-3-18 所示,把多余的白色删除掉。

图 3-3-16 选区 1

图 3-3-17 选区 2

图 3-3-18　选区 3

2. 打开本案例【素材】→【3-3c.jpg】，应用【图像】→【调整】→【色彩范围】命令将其中的黑色部分选取出来，选择"取样颜色"，用吸管点击黑色部分，单击确定。将选择好的区域放置到文件中去，如图 3-3-19、图 3-3-20、图 3-3-21 所示。

图 3-3-19　标志　　　　　图 3-3-20　色彩范围　　　　　　　图 3-3-21　添加标志

3. 选择【文字工具】添加文字，中文："跨越·国界"，英文："Span Border"，并打开本案例【素材】→【3-3d.jpg】添加到指定位置，如图 3-2-22 所示。

4. 增加一个跨越的箭头，这样可以使整体的画面更加的贯通，从形式上追求一种变化美，应用【钢笔工具】制作，如图 3-2-23 所示。

图 3-3-22　添加素材　　　　　　　　　　　　图 3-3-23　钢笔工具

5. 我们只需要上面的弧形线,所以要删掉下面的线。单击【路径】面板上的工作路径,转换成选区,单击【编辑】→【描边】命令,【宽度】为"2 像素",如图 3-3-24～图 3-3-26 所示。

图 3-3-24　选区　　　　　　　　　　　　　　　图 3-3-25　描边

图 3-3-26　描边效果

6. 用橡皮擦去多余的部分,如图 3-3-27 所示。

7. 加入说明文字,调整大小和位置,上面的三角符号可以采用【多边形工具】,边设置为 3,如图 3-3-28 所示。

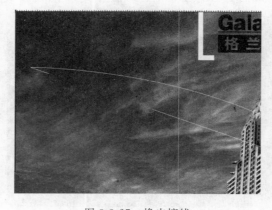

图 3-3-27　橡皮擦线　　　　　　　　　　　　　图 3-3-28　说明文字

8. 最终效果图如图 3-2-29 所示。

图 3-3-29　最终效果

【知识链接】

一、控制色彩平衡

1.【色彩平衡】命令主要用于调整整体图像的色彩平衡，虽然曲线命令也可以实现此功能，但该命令使用起来更加方便快捷。

2. 执行【图像】→【调整】→【色彩平衡】命令，打开【色彩平衡】对话框，利用该对话框就可以控制调整色彩平衡，如图 3-3-30 所示。

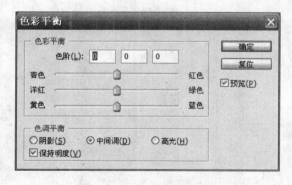

图 3-3-30　色彩平衡对话框

二、照片滤镜

照片滤镜也是【图像】→【调整】下的新增命令，而且有调整图层可以使用。【照片滤镜】对话框如图 3-3-31 所示。图片过滤器中的滤镜有很多内建的滤色镜可供选择。

颜色区块可以重新取色，浓度滑块控制着色的强度，数值越大，滤色效果越明显。【保持亮度】复选框可以在滤色的同时维持原来图像的明暗分布层次，调整后效果如图 3-3-32 所示。

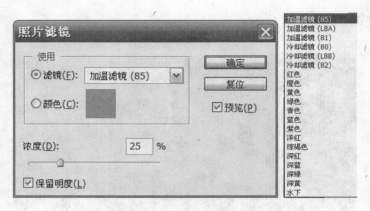

图 3-3-31　照片滤镜窗口

图 3-3-32　原图和调整后效果

【参考案例】

海洋百科全书封面设计效果如图 3-3-33 所示。

图 3-3-33　效果图

操作提示：图层混合模式、不透明度、文字描边、图层样式。

实例四 靓白净化妆品广告

【案例分析】

　　化妆品广告的素材是非常重要的，没有好的素材无法做出完美的广告作品，但是单单有好的素材是不够的，要有好的创意广告才能够成功。化妆品广告不一定要做过多的特效，简单和朴实的效果有时候更能够打动人，色彩不要太过刺激。本案例设计中一直都是运用色阶控制工具和简单的色彩工具保持着图片的清新的效果，采用处理过的人物照片为主，突出化妆品产品的本质特点。

【任务设计】

　　任务1　水晶背景特效设计。

　　任务2　文字和细节部分的添加效果。

【完成任务】

任务1　水晶背景特效设计

　　1. 新建一个文件，宽度：20厘米，高度：14.48厘米，分辨率：300像素/英寸、背景内容：白色，如图3-4-1所示。

　　2. 将前景色设置为【R：163，G：187，B：217】，单击【 填充工具】进行填充，如图3-4-2所示。

图3-4-1　新建文件　　　　　　　　　　　　图3-4-2　填充背景

　　3. 打开本案例【素材】→【3-4a.jpg】文件，选用【 魔棒工具】，在黑色背景上单击，创建背景选区，选择【选择】→【反相】命令，按【Ctrl＋C】键复制，回到主文档，按【Ctrl＋V】键粘贴，按【Ctrl＋T】键调整好图像的大小，使图像位于文件的左侧，如图3-4-3所示。

　　4. 选择【图像】→【调整】→【曲线】命令，调整人物素材的亮度和对比度，如图3-4-4和图3-4-5所示。

图3-4-3　素材【3-4a.jpg】调整后的效果

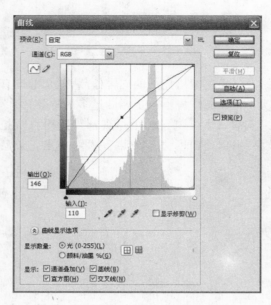

图 3-4-4　曲线对话框

图 3-4-5　调整后效果

5. 打开本案例【素材】→【3-4b. psd】文件,选中图层 5,选择【▶移动工具】,拖动到主文档中,水泡图层放在人物素材的下面,如图 3-4-6 所示。

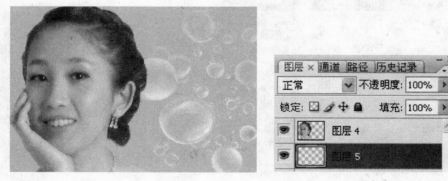

图 3-4-6　气泡添加效果

任务 2　文字和细节部分的添加效果

1. 为了增加广告画面的效果我们还可以添加一些小的装饰性的效果,点缀一下画面。单击【图层】面板中的【新建图层 】】按钮,选择【◯椭圆工具】,羽化值设为 30,在背景上画个正圆并填充为白色,选择【滤镜】→【模糊】→【高斯模糊】效果,设置【高斯模糊】半径为 20 像素(图 3-4-7),效果如图 3-4-8 所示。

2. 重复上一步的操作,把做好的效果放置到画面的恰当位置,如图 3-4-9 所示,形成发光效果。

图 3-4-7 设置高斯模糊半径　　　　　　图 3-4-8 高斯模糊

图 3-4-9 重复效果

3. 此时如果觉得背景色的颜色不够满意，可以用色彩调整工具进行调节。选中背景图层，选择【图像】→【调整】→【色相/饱和度】命令，设置【色相】为"－9"、【饱和度】为"100"、【色彩平衡】为"＋37、＋22、＋87"，如图 3-4-10 和图 3-4-11 所示。

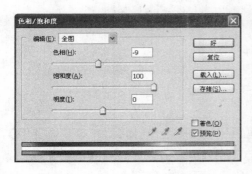

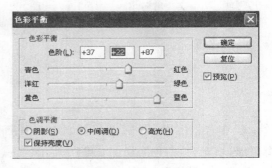

图 3-4-10 色相/饱和度　　　　　　　　图 3-4-11 色彩平衡

4. 下面再给画面添加一个画龙点睛的效果，给人物的脸部加上一个水龙头效果，突出产品的功效。打开【素材】→【3-4d.jpg】文件，选择【魔棒工具】，容差值为 20，在白色背景上单击，选择【选择】→【反相】命令，选择【移动工具】，拖动到主文档中，按【Ctrl＋T】键调整大小，如图 3-4-12 所示。

5. 打开本案例【素材】→【3-4c.psd】文件，选中【图层 df】，选择【移动工具】，拖动到主文档中，添加化妆品瓶，如图 3-4-13 所示。

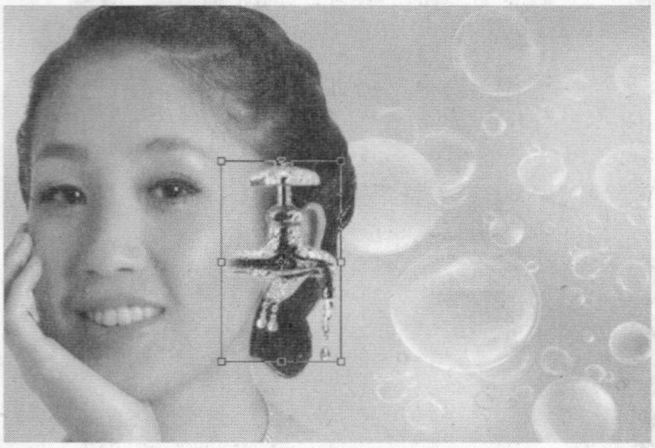
图 3-4-12　添加水龙头

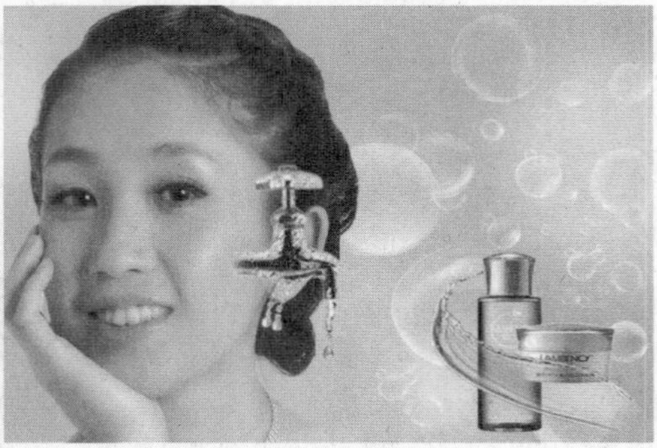
图 3-4-13　化妆品素材

6. 最后加上品牌的名称。打开本案例【素材】→【3-4c.psd】文件，选中【图层 sd】，然后选中【图层 df】，选择【移动工具】，拖动到主文档中。单击【图层】→【图层样式】→【外发光】，设置突出的效果，如图 3-4-14 所示。

7. 选择【T横排文本工具】，添加说明文字：靓白静水汪汪系列　超强锁水，持久水润。不要过大，能够看清楚就好，如图 3-4-15 所示。

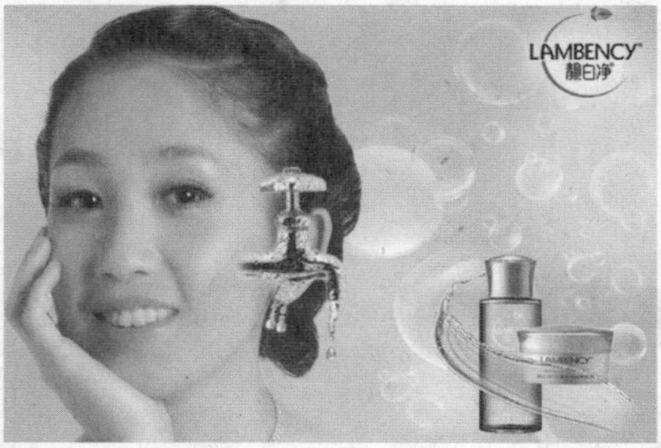

图 3-4-14　商标添加效果

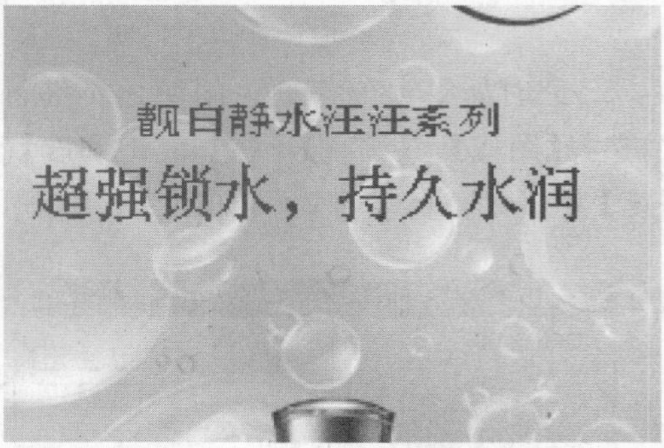

图 3-4-15　文字效果

8. 选中背景图层，单击【图层】面板中的【新建图层】按钮，选择【矩形选框工具】，画一个矩形，填充为“白色”，如图 3-4-16 所示。按【Ctrl＋D】键取消选区，选择【滤镜】→【高斯模糊】效果，【高斯模糊】半径为 20 像素，效果如图 3-4-17 所示。复制多个，放置文件中，调整大小和不透明度，使其丰富起来，最终效果如图 3-4-18 所示。

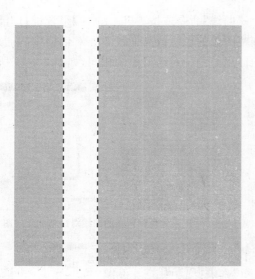

图 3-4-16　建立矩形选区　　　　　　　　图 3-4-17　高斯模糊效果

图 3-4-18　最终效果图

【知识链接】

一、色阶曲线控制

1.【曲线】命令

【曲线】命令使用非常广泛的色阶控制方式，其功能和色阶功能的原理是相同的。只不过比色阶可以作更多、更精密的设定。【曲线】命令除可以调整图像的亮度以外，还有调整图像的对比度和控制色彩等功能。该命令的功能实际上是由反相、亮度、对比度等多个命令组成的。因此，该命令功能较为强大，可以进行较有弹性的调整。

2.【曲线】命令的使用

打开一幅图像,然后执行【图像】→【调整】→【曲线】命令或按下【Ctrl+M】组合键打开【曲线】对话框,在曲线对话框中,用户即可进行设定调整图像的色阶或其他设置。对话框中的通道列表框、取消、载入、存储、自动以及三个吸管按钮的作用与色阶对话框中的相同,如图 3-4-19 所示。

打开图像以及曲线对话框

把图像色调调亮的曲线对话框和效果图

把图像色调调暗的曲线对话框和效果图

用铅笔工具绘制并调整的对话框和效果图

图 3-4-19 【曲线】命令

3. 亮度杆

在【曲线】表格下方有一个亮度杆,单击它可以切换成以百分比为单位来显示输入/输出的坐标值。切换数值显示方式的同时即改变亮度的变化方向,在默认状态下,亮度杆代表的颜色是从黑到白,从左到右输入值逐渐增加,从下到上输出值逐渐增加。当切换为百分比显示时,则黑白互换位置,变化方向刚好与原来相反,即曲线越向左上角弯曲,图像色调越暗;曲线越向右下角弯曲,图像色调越亮。

二、控制色阶分布

1)当图像偏暗或偏亮时,可以使用色阶命令来调整图像的明暗度,调整明暗度时,可以对整幅图像进行,也可以对图像某一选取范围、某一图层或者某一个颜色通道进行,如图 3-4-20和图 3-4-21 所示。

图 3-4-20 原图

图 3-4-21 通道控制面板

2)执行【图像】→【调整】→【色阶】命令，打开【色阶】对话框。用户可以在通道列表框中选定要进行色阶调整的通道。若选择 RGB 主通道，色阶调整将对所有通道起作用，若只选中 R、G、B 通道中的单一通道，则色阶命令将只对当前所选通道起作用，如图 3-4-22～图 3-4-24 所示。

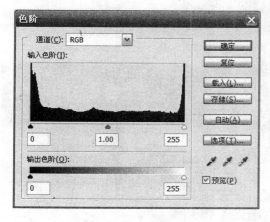
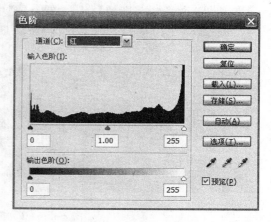

图 3-4-22　RGB 主通道　　　　　　　　图 3-4-23　红色通道

图 3-4-24　使用色阶加亮色调处理后的效果图

三、亮度/对比度

1)【亮度/对比度】命令主要用来调节图像的亮度和对比度。虽然使用【色阶】和【曲线】命令都能实现此功能，但是用起来比较复杂。使用【亮度/对比度】命令则可以很简便、直接地完成【亮度/对比度】的调整。打开该命令对话框，如图 3-4-25 所示。

图 3-4-25　亮度/对比度设置

2)在【亮度/对比度】对话框中可以很快捷地进行亮度/对比度的调整。若拖动亮度游杆上的游标或在其文本框中键入数值(范围−100～100),则可以调整图像的亮度;若拖动对比度游杆或在其文本框中键入数值(范围−100～100),则可以调整图像的对比度。

【亮度/对比度】的用法如下:

①打开素材,选择【图像】→【调整】→【亮度/对比度】命令。

②调整【亮度】为"+82",【对比度】为"−8",调整后效果如图 3-4-26 所示。

图 3-4-26 【亮度/对比度】设置效果

【参考案例】

BADLS 化妆品广告效果如图 3-4-27 所示。

图 3-4-27 BADLS 化妆品效果图

操作提示:渐变、蒙板、图层样式。

案例五 制作色彩绚丽的文字 LOGO

【案例分析】

LOGO 通常来讲又称为标志,在现在的商业活动中占据非常重要的作用,对于表现企业文化和品牌形象起着非常关键的作用。

LOGO 在制作的时候,形象上一定要高度的概括,在色彩上要明亮夺目,从形式上首先要吸引受众者,其次要和企业和品牌的整体感觉和理念保持一致。本案例特色之处就在于充分地利用图层样式工具制作出立体绚丽的 LOGO 效果,呈现出时尚、科技的美感。

【任务设计】

任务 1 LOGO 字体的基本框架部分设计。

任务 2 添加装饰素材效果。

【完成任务】

任务 1 LOGO 字体的基本框架部分设计

1. 新建一个文件,宽度:640 像素,高度:480 像素,分辨率:72 像素/英寸,背景内容:白色,如图 3-5-1 所示。

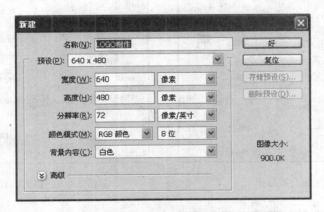

图 3-5-1 新建文件对话框

2. 在【图层控制面板】上单击【新建图层】按钮,新建一个图层,接着设置【前景色】为黑色,并按快捷键【Alt＋Delete】键填充。

3. 在【图层面板】上单击【新建图层】按钮,新建一个【图层 2】,在工具箱选择【圆角矩形工具】,并设置【半径】为 30 像素,按住鼠标不放在工作区拖出一个圆角矩形,设置【前景色】为蓝色【R:21,G:221,B:239】,按【Ctrl＋Enter】键转换为选区,按【Alt＋Delete】键填充,按【Ctrl＋D】键取消选区,如图 3-5-2 所示。

图 3-5-2 填充圆角矩形效果

4. 双击【图层 2】进入到【图层样式】对话框,分别勾选投影、内阴影、内发光、斜面和浮雕、等高线、光泽、颜色叠加、渐变叠加、图案叠加选项。设置几项的数值参考图 3-5-3～图 3-5-10 所示,效果如图 3-5-11 所示。

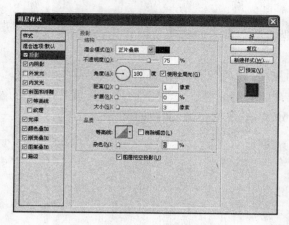

图 3-5-3　投影参数设置

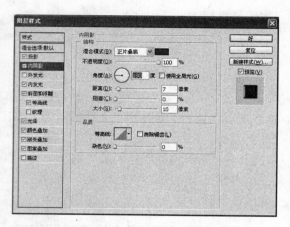

图 3-5-4　内阴影参数设置

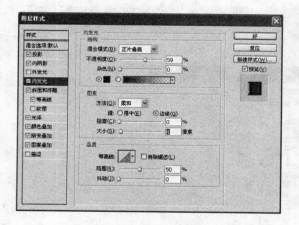

图 3-5-5　内发光参数设置

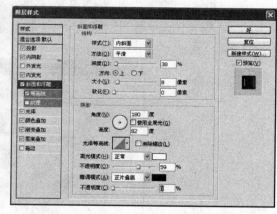

图 3-5-6　斜面和浮雕参数设置

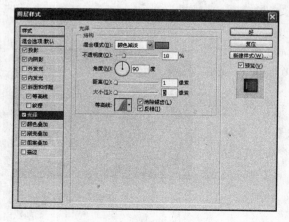

图 3-5-7　光泽参数设置

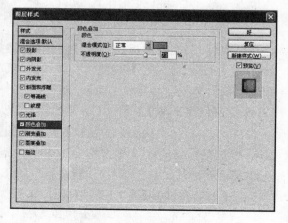

图 3-5-8　颜色叠加参数设置

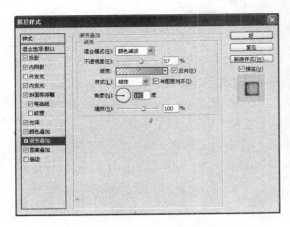

图 3-5-9　渐变参数设置

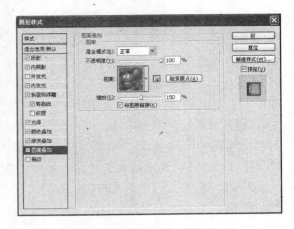

图 3-5-10　图案叠加参数设置

图 3-5-11　创建图层样式后效果

5. 在工具箱中选择【移动工具】，按住【Alt】键不放，选择图层 1，按鼠标左键拖出三个图层，并调整位置与距离，选中【图层 1 副本 2】图层，选择【编辑】→【变换】→【旋转 90 度】命令，接着在工具箱选择【椭圆工具】，在【图层 1 副本 2】拖出两个椭圆形状，并按【Delete】键删除，如图 3-5-12 所示。

6. 其他字母的设置同步骤 4、步骤 5 一样，只是设置颜色的值不同，效果如图 3-5-13 所示。

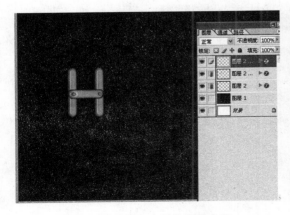

图 3-5-12　单个字母的制作方法

图 3-5-13　五个字母效果

任务 2　添加装饰素材效果

1. 选择最顶层图层,选择【图层】→【向下合并】命令,对刚创建的字母图层进行合并,生成一个【图层 1 副本 23】;选择【图层 1 副本 23】按住【Alt】键不放,按鼠标左键拖出一个【图层 1 副本 24】,将其放置在原文字下方;单击图层面板上的【添加蒙板】按钮,在工具箱中选择【■渐变工具】,给【图层 1 副本 24】添加一个渐变,形成影子效果,调整后的效果图如图 3-5-14 所示。

2. 新建一图层,命名为蝴蝶,在【工具箱】中选择【✿自定义形状工具】,在工具选项栏中设置路径,形状为【蝴蝶形状✖】,接着在工作区拖出一个蝴蝶形状,并按【Ctrl＋Enter】键把蝴蝶路径形状转换为选区,然后设置【前景色】为白色,按【Alt＋Delete】键填充给蝴蝶形状,如图 3-5-15 所示。

图 3-5-14　倒影效果

图 3-5-15　添加蝴蝶

3. 双击蝴蝶图层进入到【图层样式】,分别勾选投影、内阴影、内发光、外发光、斜面和浮雕、光泽、颜色叠加、渐变叠加、描边选项。设置几项的数值如图 3-5-16～图 3-5-24 所示,效果如图 3-5-25 所示。

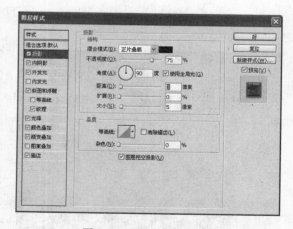

图 3-5-16　投影参数设置

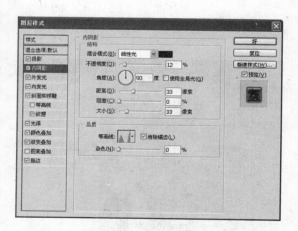

图 3-5-17　内阴影参数设置

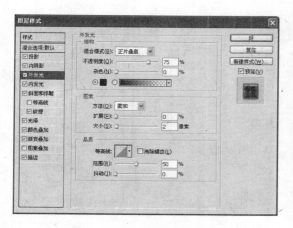

图 3-5-18　外发光参数设置

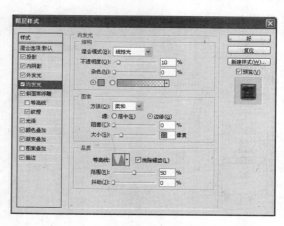

图 3-5-19　内发光参数设置

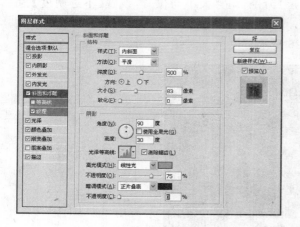

图 3-5-20　斜面和浮雕参数设置

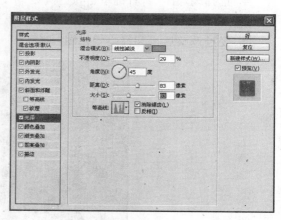

图 3-5-21　光泽参数设置

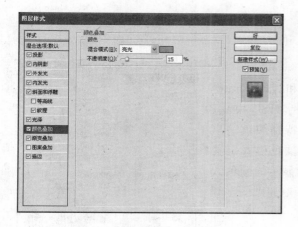

图 3-5-22　颜色叠加参数设置

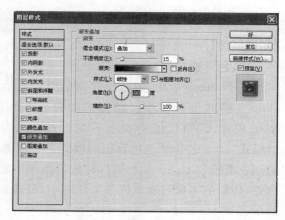

图 3-5-23　渐变叠加参数设置

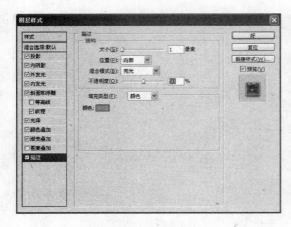

图 3-5-24　描边参数设置　　　　　　　　图 3-5-25　参数设置后的效果图

4. 选择蝴蝶图层，右键单击，选择【复制图层】命令，调整大小与位置，设置【不透明度】为 31%，填充为 0%。

5. 经过调整后得到最终效果图，如图 3-5-26 所示。

图 3-5-26　最终效果图

【知识链接】

一、色彩模式

在 Photoshop 中，颜色模式决定用来显示和打印 Photo-shop 文档的色彩模型。常见的颜色模式包括 HSB 模式、RGB 模式、CMYK 模式、Lab 模式以及一些为特别颜色输出的模式，比如索引颜色和双色调模式。不同的颜色模式定义的颜色范围也不同。颜色模式除确定图像中能显示的颜色数之外，还影响图像的通道数和文件大小，模式菜单如图 3-5-27 所示。

1. RGB 颜色模式

它是 Photoshop 中最常用的一种颜色模式，该模式给彩

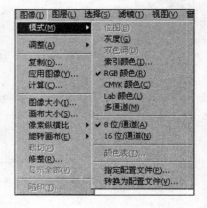

图 3-5-27　模式菜单

色图像中每个像素的 RGB 分量分配一个 0(黑色)～255(白色)范围的强度值。RGB 图像只使用红、绿、蓝三种颜色,在屏幕上呈现多达 1670 万种颜色。新建 Photoshop 图像的默认模式为 RGB,计算机显示器总是使用 RGB 模型显示颜色。这意味着在非 RGB 颜色模式(如 CMYK)下工作时,Photoshop 会临时将数据转换成 RGB 数据再在屏幕上显示出现,如图 3-5-28 所示。

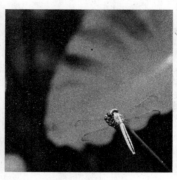

图 3-5-28　灰度与 RGB 模式对比

2.CMYK 模式

它是一种印刷模式,与 RGB 模式不同的是,RGB 是加色法,CMYK 是减色法。CMYK 即生成 CMYK 模式的三原色,100％的青色(Cyan)、100％的洋红色(Magenta)、100％的黄色(Yellow)和黑色,其中黑色用 K 来表示。虽然三原色混合可以生成黑色,但实际上并不能生成完美的黑色或灰色,所以要加 K 黑色。在 CMYK 模式中,每个像素的每种印刷油墨会被分配一个百分比值。较亮的颜色分配较低的印刷油墨颜色百分比值,较暗的颜色分配较高的百分比值。与 RGB 模式的对比如图 3-5-29 所示。

图 3-5-29　RGB 模式与 CMYK 模式对比

3. 索引颜色模式

索引颜色图像是单通道图像(8 位/像素),使用 256 种颜色。当转换为索引颜色时,Photoshop 会构建一个颜色查照表,如图 3-5-30 所示,它存放并索引图像中的颜色。如果原图像中的一种颜色没有出现在查照表中,程序会选取已有颜色中最相近的颜色或使用已有颜色模拟该种颜色。因此索引颜色可以大大减小文件大小,同时保持视觉上的品质不变。这个性质对多媒体动画或网页制作很有用。但在这种模式中只提供有限的编辑。如果要进一步编辑，应临时转换为 RGB 模式。

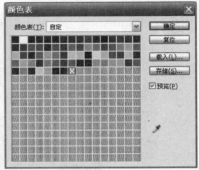

图 3-5-30　颜色表

二、色调分离

使用色调分离命令可以将色彩的色调数减少，制作出色调分离的特殊效果。色调分离命令与阈值命令的功能类似，阈值命令在任何情况下都只考虑两种色调，而色调分离的色调可以指定 2～255 之间的任何一个值，色阶的值越小，图像色彩变化越剧烈，色阶值越大，色彩变化越微小。对话框设置如图 3-5-31 所示，调整后效果如图 3-5-32 所示。

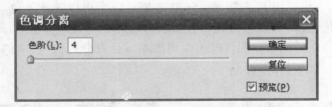

图 3-5-31　色调分离窗口

原图　　　　　　　　　　　值为2　　　　　　　　　　　值为4

图 3-5-32　原图与调整后效果

【参考案例】

水晶字设计效果如图 3-5-33 所示。

图 3-5-33　效果图

操作提示：选区、图层样式、自由变换、填充、模糊。

案例六　2010 年个性年历设计

【案例分析】

年历是一种单张印刷品，按月印有一年内各月份的日期、星期、节气等。在年历制作时一定要选用积极健康的图片素材，年历的日期部分要尽量保持清晰可见，不要被其他背景盖过。添加此年的生肖，可以增加喜庆的气氛。在图片的处理方面也是要多增加喜庆的味道，色彩以暖色为主，可用色彩平衡和阴影/高光等工具进行调节。如果再加上一些中国传统的素材，年历就更具有年味了。

【任务设计】

任务 1　调整主题背景色调，增加颜色特点。

任务 2　添加年历的必要信息和文字效果，烘托气氛。

【完成任务】

任务 1　调整主题背景色调，增加颜色特点

1. 打开本案例【素材】→【3-6a.jpg】，调整大小，如图 3-6-1 所示。观察图像，发现人物脸色偏白。调整肤色，选择【图像】→【调整】→【可选颜色】命令，设置青色为"＋20"，洋红为"＋46"，黄色为"－6"，如图 3-6-2 所示。

2. 此步骤简单却很重要。右键单击【背景】图层选择复制，在出现的对话框中单击【确定】按钮，得到新的【背景副本】图层，【背景副本】的【图层模式】选择"滤色"，【不透明度】为"50％"，如图 3-6-3 所示，亮部自然出来了，效果如图 3-6-4 所示。

图 3-6-1　打开并调整素材

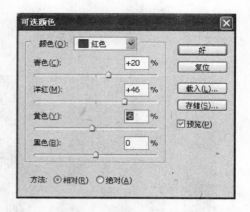
图 3-6-2　可选颜色对话框

图 3-6-3　背景副本图层设置

图 3-6-4　滤色后效果

　　3. 美化细节,如果不满意化妆的颜色,可以增加嘴唇的颜色。新建一个图层为图层 1,选择图层 1,运用【笔刷工具】在嘴唇部位进行涂抹,颜色为粉红色【R:227,G:107,B:103】,如图 3-6-5 所示。

　　4. 单击【图层】面板上的混合模式选项,将图层混合模式调整为"柔光",效果如图 3-6-6 所示。

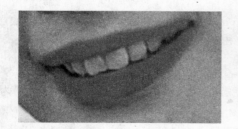
图 3-6-5　笔刷工具涂抹

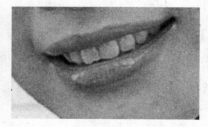
图 3-6-6　色彩混合

　　5. 接下来,合并图层,选择【图像】→【调整】→【可选颜色】,调整数值,调出图像的大体色调,本案例选择了红色,青色为"－48",洋红为"＋10",黄色为"＋30",黑色为"＋20",如图 3-6-7 所示。

图 3-6-7　可选颜色对话框和调整后效果

6. 选择【图像】→【调整】→【色彩平衡】、【色相/饱和度】工具调整图片的整体颜色效果，色彩平衡设置为"－60，－20，＋20"，色相/饱和度设置为"10，20，0"，如图 3-6-8 和图 3-6-9 所示。

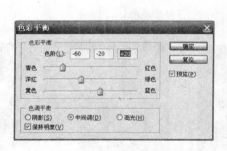

图 3-6-8　色彩平衡对话框和调整后效果

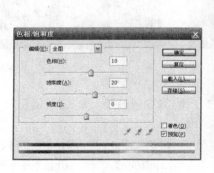

图 3-6-9　色相/饱和度对话框和调整后效果

任务2　添加年历的必要信息和文字效果，烘托气氛

1. 新建一个文件，宽度：20 厘米，高度：20 厘米，分辨率：300 像素/英寸，背景内容：白色，如图 3-6-10 所示。

图 3-6-10　新建文件对话框

2. 将背景色填充为黑色，新建一个图层为图层 1，做闪亮星星的效果。首先运用【⬚ 矩形选框工具】绘制一个正方形，前景色为白色，填充正方形，如图 3-6-11 所示。按【Ctrl＋T】键，进入变换状态，然后在图像上右击鼠标选择"透视"，调整效果如图 3-6-12 所示。

图 3-6-11　选取填充

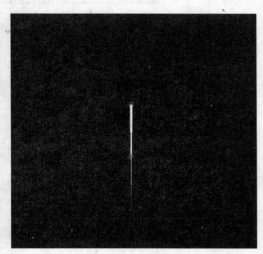

图 3-6-12　透视效果

3. 按住【Ctrl】键，单击图层 1，选中变换后的图像，按【Ctrl＋C】键复制，按【Ctrl＋V】键粘贴出四份，摆放在不同的方位，如图 3-6-13 所示。

4. 新建图层，然后用【◯ 椭圆工具】画个正圆，填充为白色，选择【滤镜】→【模糊】→【高斯模糊】命令，【高斯模糊】半径为 30 像素，这个步骤可以重复复制使用，最后达到最佳效果，如图 3-6-14 所示。

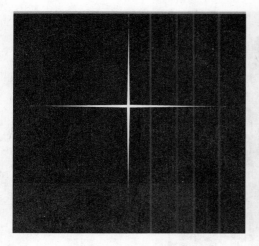

图 3-6-13 复制后效果

图 3-6-14 滤镜效果

5. 选择【图层】→【合并图层】命令，按住【Ctrl】键，单击该图层，创建星形选区，将绘制好的星星效果运用到文件中，注意大小疏密的关系，如图 3-6-15 所示。

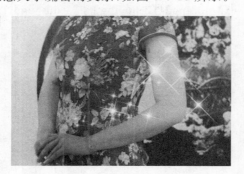

图 3-6-15 添加星星后的效果

6. 新建一个图层，在图层上运用【钢笔工具】绘制祥云图案，这个步骤要耐心完成，调整好曲线的角度使其能够美观，如图 3-6-16 所示，绘制成功后填充颜色【R：159 G：137 B：26】，如图 3-6-17 所示，最后效果如图 3-6-18 所示。

图 3-6-16 钢笔路径

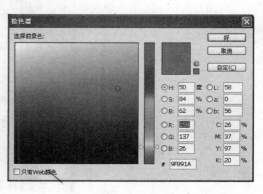

图 3-6-17 填充颜色

图 3-6-18　调整后效果

　　7. 打开本案例【素材】→【3-6b.jpg】、【3-6c.jpg】和【3-6d.jpg】文件,如图 3-6-19 所示,按比例大小放置到合适位置,如图 3-6-20 所示。

图 3-6-19　素材【3-6b.jpg】和【3-6c.jpg】的选取

图 3-6-20　最后效果图

【知识链接】

一、阴影/高光

执行【阴影/高光】命令后，会弹出一个对话框，如图 3-6-21 所示。这时 Photoshop CS 自动调整当前图片的整体色调分布，对于一些曝光有问题的照片来说是一个快捷的调整方式。

拖动对话框中的阴影（范围 0～100％）、高光（范围 0～100％）游杆或在其文本框中键入数值，分别可以控制图像的阴影、高光。如果在编辑列表框中选择全图选项，则对图像中的所有像素起作用。若选中全图选项之外的选项，则色彩变化只对当前选中的颜色起作用。执行【阴影/高光】的效果对比如图 3-6-22 所示。

图 3-6-21　阴影/高光对话框

"显示更多选项"复选框可以显示更多的调节选项。它是色彩平衡和对比度的调整的综合体，多了自动功能，但没有调整图层功能。

图 3-6-22　原图和调整后效果

二、自动对比度和自动颜色

调用自动对比度可以执行【图像】→【调整】→【自动对比度】命令或按下【Alt＋Shift＋Ctrl＋L】组合键；调用自动颜色可以执行【图像】→【调整】→【自动颜色】命令或按下【Shift＋Ctrl＋B】组合键，如图 3-6-23 所示。调整自动对比度和自动颜色的效果对比如图 3-6-24 所示。

图 3-6-23　调整菜单

图 3-6-24　原图和调整后效果

　　如果在照片拍摄的过程中光线颜色不能达到最佳效果就可以使用这个工具进行调整。

【参考案例】

　　2010 年历设计效果如图 3-6-25 所示。

图 3-6-25　2010 年历设计效果图

　　操作提示：选区、自由变换、发光、画笔、图层样式。

模块四　特效制作(图像的特效创意)

案例一　商品促销广告设计

【案例分析】

　　本案例主要是为了配合巧克力产品的短期性节日促销活动,所以在设计时对商品采用了直接展示的表现手法。运用写实来表现商品的外观,充分展示商品色泽诱人、包装精美的特点。画面色彩使用了暖色调,使消费者在第一眼看到时就能产生良好的食欲,吸引消费者购买其产品,以达到扩大销售量的目的。本案例难点在于背景的制作,需要用到【液化】滤镜和【扭曲】滤镜。

【任务设计】

　　任务 1　编辑特效背景。

　　任务 2　特效文字设计。

【完成任务】

任务 1　编辑特效背景

　　1.新建文件,选择【文件】→【新建】命令,宽度为 25 厘米,高度为 20 厘米,背景内容为白色,分辨率为 150 像素/英寸,颜色模式为 RGB 颜色,如图 4-1-1 所示。

　　2.设置前景色为深褐色【R:120,G:20,B:20】,选择【🔥填充工具】,对背景图层进行填充,如图 4-1-2 所示。

图 4-1-1　新建文件对话框

图 4-1-2　填充背景图层

　　3.打开本案例【素材】→【4-1a.jpg】文件,选择工具箱中的【🪄魔棒工具】,在素材图像的背景上面单击,接着按下【Shift＋Ctrl＋I】组合键,反转选区将图像选取,如图 4-1-3 所示。

4.使用【移动工具】,将【4-1a.jpg】图像拖动到广告文档中,按【Ctrl＋T】键进入自由变换状态,调整图像大小并旋转角度,效果如图 4-1-4 所示。

图 4-1-3　选取图像　　　　　　　　图 4-1-4　执行【自由变换】命令

5.选择【滤镜】→【液化】命令,打开【液化】对话框,使用【向前变形工具】对图像进行拉伸变形,效果如图 4-1-5 所示。

图 4-1-5　【液化】效果

6.选择【图层】→【图层样式】→【投影】命令,为图像添加投影效果,如图 4-1-6 所示,投影后效果如图 4-1-7 所示。

7.按下【Ctrl】键,同时单击【图层 1】前面的图层缩览图,将图像载入选区,选择【图像】→【调整】→【亮度/对比度】命令,为其调整亮度,效果如图 4-1-8 所示。

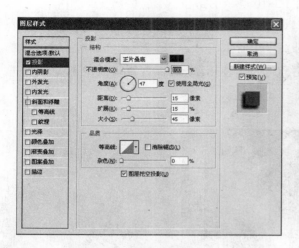

图 4-1-6 【投影】对话框

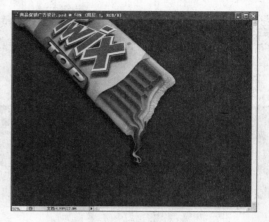

图 4-1-7 添加投影效果

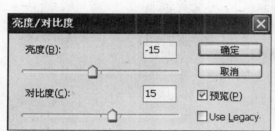

图 4-1-8 调整【亮度/对比度】

8.参照以上方法,为图像调整【色相/饱和度】,如图 4-1-9 所示。

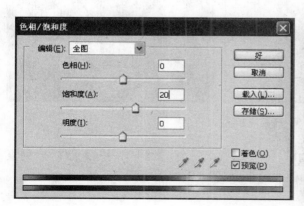

图 4-1-9 调整【色相/饱和度】

9.选择工具箱中的【钢笔】工具,绘制如图 4-1-10 所示的路径。

10.新建图层 2,并拖到图层 1 下方,按下【Ctrl＋Enter】组合键,将路径转换为选区,并填充为黄色【R：255　G：255　B：100】,效果如图 4-1-11 所示。

11.选择【滤镜】→【液化】命令,打开【液化】对话框,使用【顺时针旋转扭曲 ⓑ】,对图像进行变形,效果如图 4-1-12 所示。

图 4-1-10　绘制路径　　　　图 4-1-11　将路径转化为选区　　　　图 4-1-12　【液化】效果

12.选择【滤镜】→【扭曲】→【波浪】命令,打开【波浪】对话框,设置其参数,如图 4-1-13 所示(该命令随机性较强)。

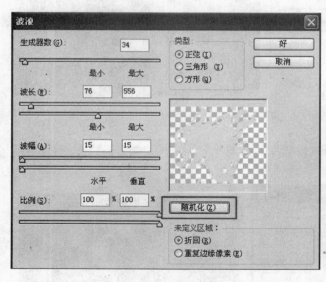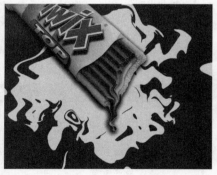

图 4-1-13　调整【波浪】设置及效果

13. 打开本案例【素材】→【4-1b. jpg】、【4-1c. jpg】、【4-1d. jpg】、【4-1e. jpg】文件,分别复制到主文档中,调整它们的大小和位置,添加图层效果,如图 4-1-14 所示。

图 4-1-14 载入其他素材效果

任务 2 特效文字设计

1. 使用【T横排文字工具】在左下角添加文字："浪漫之季"浓浓巧克力,用文本工具选中文字,选择工具栏上的【创建变形文本 ⬛】按钮,选择"扇形",并适当调整,效果如图 4-1-15 所示。

2. 使用【T横排文字工具】添加其他文字,并适当调整效果,如图 4-1-16 所示。

图 4-1-15 加入文字

图 4-1-16 最终效果

【知识链接】

一、液化滤镜

【液化】命令可用于通过交互式拼凑、推、拉、旋转、反射、折叠继而膨胀图像的任意区域。液化命令适用于灰度、RGB、CMYK、Lab 的 8 位模式,可以对图像任意扭曲,定义扭曲的范围和强度,还可以将调整好的变形效果储存起来或载入以前存储的变形效果,总之,液化命令为我们在 PS 中变形图像和创建特殊效果提供了强大的功能。

打开本案例【素材】→【4-1f.jpg】文件选择滤镜菜单中的【液化】命令,如图 4-1-17 所示。

1. 向前变形工具

使用该工具对图像进行涂抹，可以产生图像的变形效果，打开本案例【素材】→【4-1g.jpg】文件，选择【向前变形工具】，效果如图 4-1-18 所示。

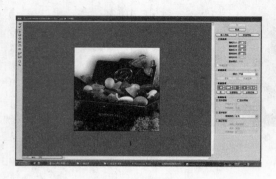

图 4-1-17 【液化】命令 　　　　　　　　　　图 4-1-18 【向前变形工具】效果

2. 重建工具

使用该工具在液化变形后的图像上涂抹，可以将图中的变形效果还原成原图像效果，打开本案例【素材】→【4-1f.jpg】文件，选择【重建工具】，效果如图 4-1-19 所示。

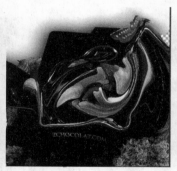

图 4-1-19 【重建工具】效果

3. 旋转扭曲工具

使用该工具对图像进行涂抹，可以产生图像的旋转效果，按住鼠标左键或进行拖动时顺时针旋转像素，如果按住【Alt】键，则逆时针旋转像素，打开本案例【素材】→【4-1h.jpg】文件，选择【旋转扭曲工具】，效果如图 4-1-20 所示。

4. 褶皱器工具

使用该工具对图像进行涂抹，可以使图像产生向内压缩变形效果，打开本案例【素材】→【4-1i.jpg】文件，选择【褶皱器工具】，效果如图 4-1-21 所示。

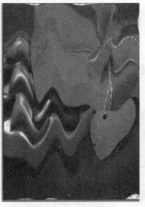

图 4-1-20　【旋转扭曲工具】效果

图 4-1-21　【褶皱器工具】效果

5. 膨胀工具

使用该工具对图像进行涂抹,可以使图像产生向外膨胀放大的效果,打开本案例【素材】→【4-1j.jpg】文件,选择【膨胀工具】,效果如图 4-1-22 所示。

图 4-1-22　【膨胀工具】效果

6. 左推工具

使用该工具对图像进行涂抹,可以使图像中的像素发生位移变形效果,打开本案例【素材】→【4-1k.jpg】文件,选择【左推工具】,效果如图 4-1-23 所示。

图 4-1-23 【左推工具】效果

7. 镜像工具

使用该工具对图像进行涂抹,可以使图像中的图形产生复制并有堆挤变形的效果,打开本案例【素材】→【4-1l.jpg】文件,选择【镜像工具】,效果如图 4-1-24 所示。

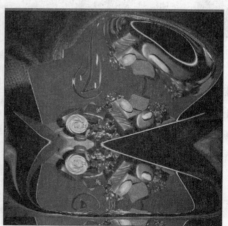

图 4-1-24 【镜像工具】效果

8. 波动工具

使用该工具对图像进行涂抹,可以产生波纹效果,打开本案例【素材】→【4-1m.jpg】文件,选择【波动工具】,效果如图 4-1-25 所示。

9. 冻结工具

使用该工具对图像进行涂抹,可以将图像中不需要的部分保护起来,这样被保护的部分将不会受到变形的处理，打开本案例【素材】→【4-1n.jpg】文件，选择【冻结工具】，效果如图4-1-26所示。

图 4-1-25 【波动工具】效果

图 4-1-26 【冻结工具】效果

二、扭曲滤镜

扭曲滤镜共有12种，主要是将图像进行几何扭曲，创建三维或其他整形效果，又称破坏性滤镜，多用于特技处理。选择【滤镜】→【扭曲】命令后，即可执行，如图4-1-27所示。

图 4-1-27 扭曲菜单

1. 波浪

该滤镜处理方式类似波纹滤镜，但可以进行进一步的控制。该选项包括波浪生成器的数目、波长、波浪高度和波浪类型（正弦、三角形或方形），也可应用随机值及未扭曲的区域。打开本案例【素材】→【4-1o.jpg】文件，选择【波浪】，效果如图4-1-28所示，波浪参数设置如图4-1-29所示。

图 4-1-28 【波浪】效果

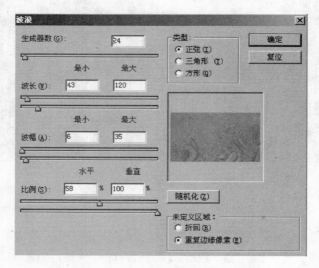

图 4-1-29 【波浪】对话框参数设置

2. 玻璃

该滤镜使图像看起来是透过不同类型的玻璃来观看的。可以选取一种玻璃效果，也可以将自己的玻璃表面创建为 Photoshop 文件并应用它；可以调整缩放、扭曲和平滑度设置。当表面控制与文件一起使用时，要按照转换滤镜的指导操作。打开本案例【素材】→【4-1p.jpg】文件制作【玻璃】效果，如图 4-1-30 所示，玻璃参数设置如图 4-1-31 所示。

3. 切变

切变滤镜能够在垂直方向上按照设定的弯曲路径来扭曲图像。执行命令后，根据需要拖动直线上的点调整曲度。新建文件，选择【切变】，效果如图 4-1-32 所示，切变参数设置如图 4-1-33所示。

图 4-1-30 【玻璃】效果

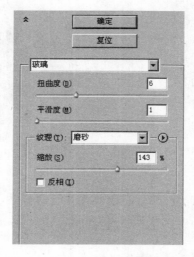

图 4-1-31 【玻璃】对话框参数设置

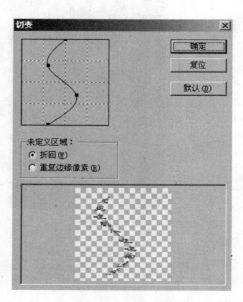

图 4-1-32 【切变】效果　　　　　　图 4-1-33 【切变】对话框参数设置

4. 极坐标

该滤镜可将图像从直角坐标系转换成极坐标系或从极坐标系转换成直角坐标系。打开本案例【素材】→【4-1p.jpg】文件,选择【极坐标】,效果如图 4-1-34 所示。

图 4-1-34 【极坐标】对话框及效果

5. 扩散亮光

该滤镜可以给图像添加亮光,使图像产生热光弥漫的效果,参数对话框中的【发光量】值越小,图像上的白色光晕就越大。改变背景颜色,光亮也会改变。新建文件,选择【扩散亮光】,效果如图 4-1-35 所示。

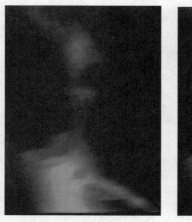

图 4-1-35 【扩散亮光】效果

6. 挤压

该滤镜挤压选区,正值将选区向中心移动,负值将选区向外移动。

7. 旋转扭曲

该滤镜用来产生一种由中心点向外,使中心位置扭曲比边缘更加强烈的效果。

8. 水波

该滤镜根据选区中像素的半径将选区径向扭曲,产生水波荡漾效果。【起伏】选项设置水波方向从选区的中心到其边缘的反转次数。

9. 波纹

该滤镜在选区上创建起伏的图案,像水池表面的波纹;若要进一步进行控制,要使用波浪滤镜。

10. 海洋波纹

该滤镜将随机分隔的波纹添加到图像表面,使图像看上去像是在水中。

11. 球面化

该滤镜通过将选区折成球形、扭曲图像及伸展图像以适应选中的曲线,使对象具有三维效果,像球一样突起。

12. 置换滤镜

选择并打开置换图,对图像应用扭曲效果。如果置换图有一个通道,则图像沿着由水平置换比例和垂直置换比例所定义的对角线改变。如果置换多个通道,则第一个通道控制水平置换,第二个通道控制垂直置换。

【参考案例】

中式糕点海报设计效果如图 4-1-36 所示。

图 4-1-36 中式糕点海报效果图

操作提示:纹理滤镜、混合模式、加深工具、色彩平衡、画笔工具、模糊工具、羽化。

案例二 中式茶馆海报设计

【案例分析】

本案例是以老舍茶馆的品牌与企业形象为主题而进行设计的,在制作上采用了古朴的色调,调动形象、色彩、构图、形式等因素形成强烈的具有古香古色、淳朴浓厚的视觉效果。茶馆不仅发扬了中国的品茶文化,又汇聚了南北特色小吃来供顾客品尝。海报在设计制作上,不但突出了茶馆的悠久历史,而且还表现了民族传统文化,形成独特的艺术风格和设计特点。

【任务设计】

　　任务1　古朴特效背景设计。

　　任务2　制作主体素材文字。

　　任务3　添加装饰图片。

【完成任务】

任务1　古朴特效背景设计

1.单击【文件】→【新建】命令,宽度为20厘米,高度为15厘米,背景内容为白色,分辨率为150像素/英寸,颜色模式为RGB颜色,如图4-2-1所示。

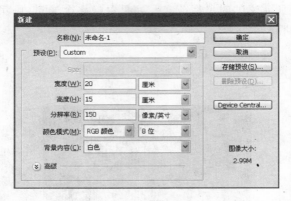

图4-2-1　新建文件

2.打开本案例【素材】→【4-2a.jpg】文件,然后使用【移动工具】将它拖入主场景中并调整好大小,如图4-2-2所示。

3.单击【图层】面板下方的【新建图层】按钮,新建一个图层2,效果如图4-2-3所示。

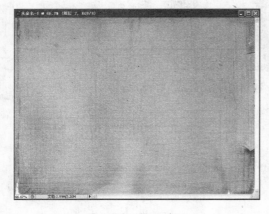

图4-2-2　添加素材

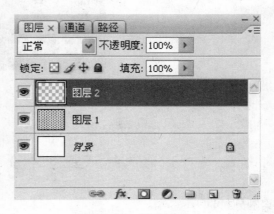

图4-2-3　新建图层

4.设置工具箱中默认的前景色为黑色,背景色为白色,执行【滤镜】→【渲染】→【云彩】命令,如图 4-2-4 所示。

5.执行【滤镜】→【风格化】→【浮雕效果】命令,设置角度为"120",高度为"8",数量为"100",效果如图 4-2-5 所示。

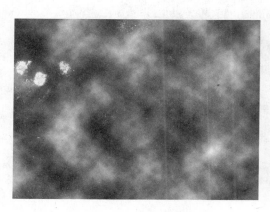

图 4-2-4　执行【云彩】命令

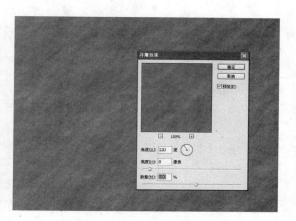

图 4-2-5　添加【浮雕效果】

6.执行【图像】→【调整】→【色相/饱和度】命令,设置色相(H)为"37",饱和度(A)为"25",明度(I)为"17",如图 4-2-6 所示。

7.执行【图像】→【调整】→【亮度/对比度】命令,参数设置如图 4-2-7 所示。

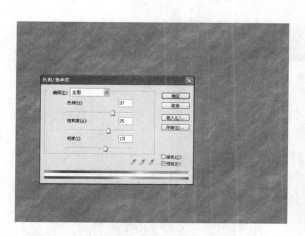

图 4-2-6　调整【色相/饱和度】

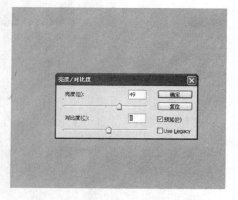

图 4-2-7　调整【亮度/对比度】

8.选中图层 2,单击【图层】面板上的【混合模式】选项,将图层【混合模式】设置为"正片叠底",【不透明度】设置为"80％",效果如图 4-2-8 所示。

9.打开本案例【素材】→【4-2b.jpg】文件,按【Ctrl＋A】键全选,按【Ctrl＋C】键复制,回到主文档,按【Ctrl＋V】键粘贴,并调整好位置和大小,效果如图 4-2-9 所示。

图 4-2-8　设置图层混合模式　　　　　　　　图 4-2-9　背景效果

10. 单击【图层】面板右侧的三角形按钮，在弹出的菜单中选择【合并可见图层】命令，将图层合并。

任务 2　制作主体素材文字

1. 打开本案例【素材】→【4-2c. jpg】，使用【🖋 钢笔工具】绘制路径，如图 4-2-10 所示。

图 4-2-10　绘制路径

2. 按下【Ctrl＋Enter】组合键，将路径转换为选区，然后使用【🕂 移动工具】将选区内图像拖动到海报文档中并调整它的位置，效果如图 4-2-11 所示。

3. 在【图层】面板中将该【图层的混合】模式设置为"正片叠底"，效果如图 4-2-12 所示。

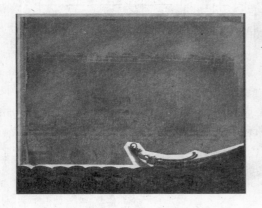 

图 4-2-11　添加素材【4-2c. jpg】　　　　　　图 4-2-12　"正片叠底"效果

4. 打开本案例【素材】→【4-2d. psd】文件，使用【魔棒工具】在背景上创建选区，选择【选择】→【反相】命令，使用【移动工具】将选区内图像拖动到海报文档中并调整它的位置，效果如图 4-2-13 所示。

5. 使用工具箱中的【直排文字工具】，在视图中创建文本：老舍，字号：24 点，字体：黑体，如图 4-2-14 所示。

图 4-2-13 添加素材【4-2d. psd】　　　　　　图 4-2-14 加入文字

6. 选中文本图层，右击单击，从弹出的菜单中选择【栅格化文字】命令，如图 4-2-15 所示。

7. 按下【Ctrl＋Enter】组合键将文字路径转换为选区，然后单击【新建图层】按钮，新建一个图层 3，如图 4-2-16 所示。

图 4-2-15 【栅格化文字】设置　　　　　　图 4-2-16 文字路径转换为选区

8. 选择工具箱中的【渐变工具】，单击选项中的渐变条，打开【渐变编辑器】对话框，参照图 4-2-17 所示设置参数。

9. 使用设置好的【渐变工具】在选区内绘制渐变，单击【图层】面板上的混合模式按钮，将【图层混合】模式改为"颜色加深"，如图 4-2-18 所示。

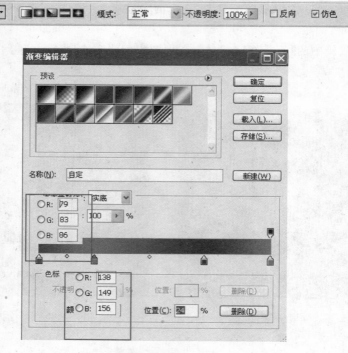

图 4-2-17　设置渐变参数

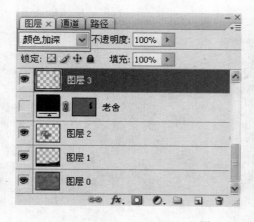

图 4-2-18　"颜色加深"模式

任务 3　添加装饰图片

1. 打开本案例【素材】→【4-2e. jpg】文件,选择【移动工具】,将其拖入到主文档中,调整位置和大小,单击【图层】面板上的混合模式按钮,并设置图层【混合模式】为"颜色加深",效果如图 4-2-19 所示。

2. 用同样的方法添加素材【4-2f. jpg】、【4-2g. jpg】、【4-2h. jpg】,如图 4-2-20 所示。

图 4-2-19　添加素材【4-2e.jpg】

图 4-2-20　添加其他邮票

3. 再次添加素材【4-2i.jpg】和【4-2j.jpg】，调整好大小和位置后设置图层【混合模式】为"变暗"，使用【 ✐ 橡皮擦工具】将图像的边缘擦除，效果如图 4-2-21 所示。

4. 最后添加装饰素材【4-2k.psd】和【4-2l.psd】，最终效果如图 4-2-22 所示。

图 4-2-21　添加素材【4-2i.jpg】和【4-2j.jpg】

图 4-2-22　最终效果

【知识链接】

一、渲染滤镜组

渲染在图像中产生一种照明效果或不同光源的效果，选择【滤镜】→【渲染】命令，弹出如图4-2-23 所示对话框。

1. 云彩

【云彩】滤镜利用选区在前景色和背景色之间的随机像素值，在图像上产生云彩状的效果，产生烟雾飘渺的景象。设置前景色为蓝色，背景色为白色，选择【滤镜】→【渲染】→【云彩】命令即可得到如图 4-2-24 所示的效果。云彩滤镜随机性很大，所以我们可以通过【Ctrl＋F】键进行反复选择，直到得到一个比较好的效果。

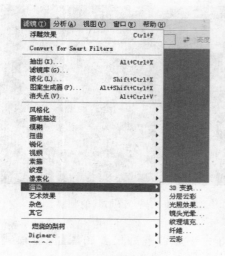

图 4-2-23　渲染滤镜菜单　　　　　　　　　　　图 4-2-24　【云彩】滤镜

2. 光照效果

　　【光照效果】滤镜是比较复杂的一种滤镜,只能应用于 RGB 模式。该滤镜提供了 17 种光源,3 种灯光类型和 4 种光特征,将这些组合起来可以得到千变万化的效果,打开本案例【素材】→【4-2m.jpg】文件,选择【滤镜】→【渲染】→【光照效果】命令,效果如图 4-2-25 所示。

图 4-2-25　【光照效果】滤镜

3. 分层云彩

　　【分层云彩】滤镜可使用随机生成介于前景色和背景色之间的值生成云彩图案。此滤镜将云彩数据和现有的像素混合,第一次执行此滤镜时图像的某些部分被反相为云彩图案。应用多次后,会创建出与大理石的纹路相似的凸缘叶脉图案,打开本案例【素材】→【4-2n.jpg】文件,选择【滤镜】→【渲染】→【分层云彩】命令,制作【分层云彩】效果,如图 4-2-26 所示。

图 4-2-26 【分层云彩】滤镜

4. 镜头光晕

【镜头光晕】滤镜模拟光线照射在镜头上的效果，产生折射纹理，如同摄像机镜头的炫光效果，打开本案例【素材】→【4-2o.jpg】文件，选择【滤镜】→【渲染】→【镜头光晕】命令，效果如图 4-2-27 所示。

图 4-2-27 【镜头光晕】滤镜

5. 纤维

【纤维】滤镜可以创建纤维效果，选择【滤镜】→【渲染】→【纤维】命令，可以得到如图 4-2-28 所示的效果。

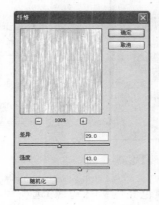 

图 4-2-28 【纤维】滤镜

二、风格化滤镜组

风格化滤镜组中的命令主要通过置换图像中的像素，或通过查找并增加图像的对比度，使图像产生绘画或印象派风格的艺术效果。

1.查找边缘

【查找边缘】滤镜使图像产生彩色铅笔勾描图像轮廓的效果。此滤镜没有可调参数，是一个直接执行的命令。打开本案例【素材】→【4-2p.jpg】文件，打开执行【滤镜】→【风格化】→【查找边缘】命令，为图像添加【查找边缘】滤镜效果，如图 4-2-29 所示。

图 4-2-29 【查找边缘】滤镜

2.等高线

【等高线】滤镜是在图像中围绕每个通道的亮区和暗区边缘勾画轮廓线，从而产生三原色的细窄线条，使图像产生类似等高线图中线条的效果。打开本案例【素材】→【4-2q.jpg】文件，执行【滤镜】→【风格化】→【等高线】命令，如图 4-2-30 所示。

图 4-2-30 【等高线】滤镜

在【色阶】选项中可以设置对画面进行勾画的颜色亮度级；【边缘】选项用于设置线条显示的方法。选择【较低】选项将勾画图像中较暗的区域，而选择【较高】选项则勾画较亮的区域。

3. 风

【风】滤镜是按图像边缘中的像素颜色增加一些小的水平线,使图像产生起风的效果。该滤镜不具有模糊图像的效果,它只影响图像的边缘。打开本案例【素材】→【4-2r.jpg】文件,执行【滤镜】→【风格化】→【风】命令,如图 4-2-31 所示。

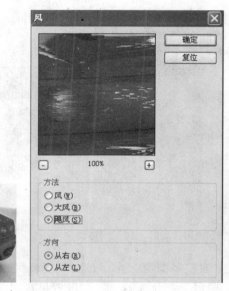

图 4-2-31　【风】滤镜

4. 浮雕效果

【浮雕效果】滤镜通过降低图像的色值或勾画图像的轮廓,使图像产生浮雕的效果。打开本案例【素材】→【4-2s.jpg】文件,执行【滤镜】→【风格化】→【浮雕效果】命令,为图像添加滤镜效果,如图 4-2-32 所示。

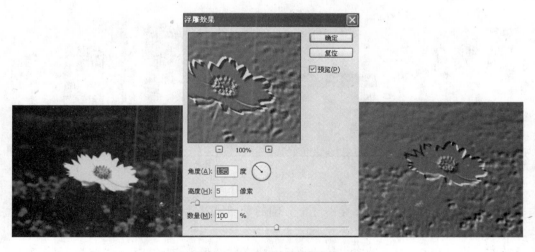

图 4-2-32　【浮雕效果】滤镜

5.扩散

【扩散】滤镜创建一种分离模糊的效果,看起来有点像透过磨砂玻璃看图像的效果。打开本案例【素材】→【4-2t.jpg】文件,执行【滤镜】→【风格化】→【扩散】命令,设置【扩散】对话框参数,为图像添加【扩散】滤镜效果,如图 4-2-33 所示。

图 4-2-33 【扩散】滤镜

选择【正常】选项,使扩散效果对整幅图像起作用;选择【变暗优先】选项,扩散效果在图像中较暗区域中起的作用较明显;选择【变亮优先】选项,扩散效果在图像中较亮区域中起的作用较明显;选择【各向异性】选项,将柔和地表现图像。

6.拼贴

【拼贴】滤镜是将图像分裂成指定数目的方块,并将这些方块移动一定的距离。此滤镜无法预览,因此需要多试几次才可以达到读者的要求。打开本案例【素材】→【4-2u.jpg】文件,执行【滤镜】→【风格化】→【拼贴】命令,打开【拼贴】对话框,设置对话框的参数,为图像添加【拼贴】滤镜效果,如图 4-2-34 所示。

图 4-2-34 【拼贴】滤镜

【拼贴数】选项用于设置图像在高度上分割的数量;【最大位移】用于设置方块移动的位置最大距离是宽度的百分之几。

【填充空白区域用】用于设置方块移动后空白区域图像填充的方法。选择【背景色】将使用背景色填充空白区域;选择【前景色】则使用前景色填充空白区域;选择【反相图像】选项,使用原图像的负像填充空白处;选择【未改变的图像】选项,将以原图像填充空白处。

7.曝光过度

　　【曝光过度】滤镜产生图像正片和负片混合的效果,类似于显影过程中将摄影照片短暂曝光。这是一个直接执行的命令,没有提供可手动设置的参数。打开本案例【素材】→【4-2v.jpg】文件,执行【滤镜】→【风格化】→【曝光过度】命令,为图像添加【曝光过度】滤镜效果,如图 4-2-35 所示。

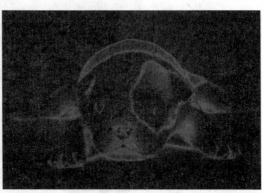

图 4-2-35　【曝光过度】滤镜

8.凸出

　　【凸出】滤镜是将图像附着在一系列的三维立方体或锥体上,使图像呈现一种 3D 纹理效果。打开本案例【素材】→【4-2w.jpg】文件,执行【滤镜】→【风格化】→【凸出】命令,打开【凸出】对话框,设置对话框的参数,为图像添加【凸出】滤镜效果,如图 4-2-36 所示。

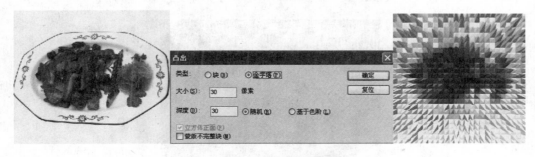

图 4-2-36　【凸出】滤镜

　　【类型】:设置生成立体图像的造型。选择【块】选项,将生成立方体造型;选择【金字塔】选项,生成的是锥体造型。

　　【大小】:设置立体图像的大小。

　　【深度】:设置立体图像的高度。选择【随机】选项,可以使每个立体图像的高度都发生变化;选择【基于色阶】选项,则只有图像较亮区域的立体造型较高。

　　【立方体正面】:该选项只有生成立方体时才有效。该选项为每个方块的颜色填充该区域的平均色。

【蒙版不完整块】：删除不完整的立体图像。

9. 照亮边缘

【照亮边缘】滤镜命令可以标识颜色的边缘，并向其添加类似霓虹灯的光亮。打开本案例【素材】→【4-2x.jpg】文件，执行【滤镜】→【风格化】→【照亮边缘】命令，打开【照亮边缘】对话框，设置对话框的参数，为图像添加【照亮边缘】滤镜效果，如图 4-2-37 所示。

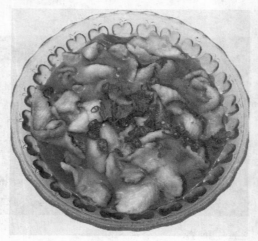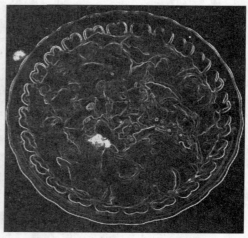

图 4-2-37　【照亮边缘】滤镜

【边缘宽度】设置边缘线条的宽度；【边缘亮度】设置边缘线条的亮度；【平滑度】值越大，表现出的线条越平滑。

【参考案例】

iphone 4 手机宣传海报设计效果如图 4-2-38 所示。

图 4-2-38　iphone 4 手机宣传海报效果图

操作提示：混合模式、色阶调整、渐变工具、合并图层、模糊滤镜、扭曲滤镜。

案例三　奥运宣传画设计

【设计分析】

宣传画又名招贴画，是以宣传鼓动、制造社会舆论和气氛为目的的绘画。一般带有醒目的、号召性的、激情的文字标题。其特点是形象醒目，主题突出，风格明快，富有感召力。本案例中把"2008"4 个数字进行扭曲角度变换，与背景图像混合在一起，使用通道、滤镜等工具制作出字体边缘向上发射光线，让全世界的人民都了解北京。

【任务设计】

任务 1　新建文件，调整背景。

任务 2　完成文字的光线特效制作。

【完成任务】

任务 1　新建文件，调整背景

1. 新建文件，单击【文件】→【新建】命令，在名称中输入：奥运宣传，大小：580 像素×500 像素，背景内容：白色，分辨率：96 像素/英寸，颜色模式：RGB 颜色，如图 4-3-1 所示。

2. 打开本案例【素材】→【4-2a.jpg】，按【Ctrl＋A】键全选，回到主文档，选择【移动工具】，将图【4-2a.jpg】拖放到【奥运宣传】文件里，将自动添加的"图层 1"，重命名为"建筑"，如图 4-3-2 所示。

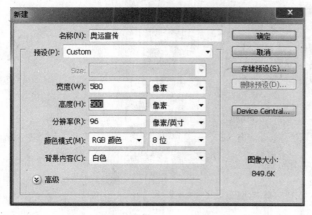

图 4-3-1　【新建文件】效果图　　　　　　　图 4-3-2　图层 1 重命名为建筑

3. 按【Ctrl＋T】组合键，将图片等比例放大，并移动到合适的位置作为背景。

任务 2　完成文字的光线特效制作

1. 设置【前景色】为红色【R：252，G：5，B：5】，并使用【T横排文字工具】输入数字：2008，设置适当的字体：华文新魏，字号：200 点，在"2008"图层上单击鼠标右键，选择【栅格化文字】，如图 4-3-3 所示。

2.选择【编辑】→【变换】→【扭曲】,对文字进行处理,如图 4-3-4 所示。

图 4-3-3 "2008"字体效果图

图 4-3-4 对"2008"字体扭曲处理效果图

3. 选择文字图层,单击【图层】面板上的【混合通道】模式按钮,设置【图层混合模式】为"叠加",填充值:50％,如图 4-3-5 所示。

图 4-3-5 对"2008"字体图层模式处理效果图

4.选择"2008"文字图层,选择【图层】→【图层样式】→【外发光】命令,如图 4-3-6 和图 4-3-7 所示。

5.在选择"2008"文字图层,选择【图层】→【图层样式】→【描边】命令,如图 4-3-8 和图 4-3-9 所示。

6.按住【Ctrl】键并单击"2008"字体图层的【缩览图】,为文字创建选区,选择【通道】面板,新建一个【通道 Alpha1】,选择【编辑】→【描边】,如图 4-3-10 和图 4-3-11 所示。

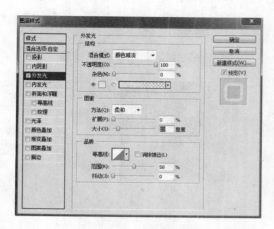

图 4-3-6　对"2008"字体使用外发光设置

图 4-3-7　对"2008"字体设置外发光后效果图

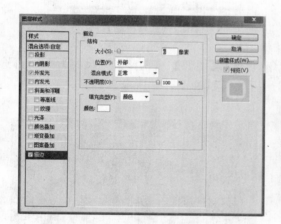

图 4-3-8　对"2008"字体使用描边设置

图 4-3-9　对"2008"字体设置描边后效果图

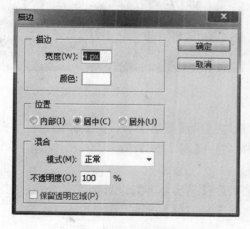

图 4-3-10　【描边】对话框

图 4-3-11　设置【描边】后效果图

7.选择【滤镜】→【模糊】→【动感模糊】命令,再次选择【滤镜】→【模糊】→【动感模糊】命令,如图 4-3-12 和图 4-3-13 所示。

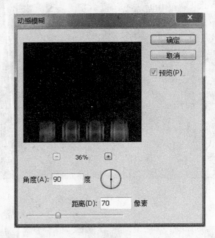
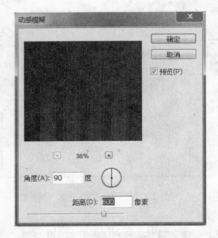

图 4-3-12 【动感模糊】设置一   图 4-3-13 【动感模糊】设置二

8.选择【滤镜】→【风格化】→【查找边缘】命令,再选择【图像】→【调整】→【反相】命令,再选择【图像】→【调整】→【色阶】,如图 4-3-14 所示,最后效果如图 4-3-15 所示。

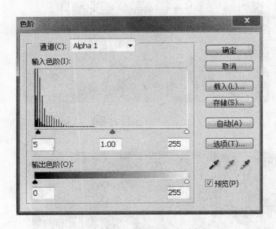

图 4-3-14 【色阶】对话框   图 4-3-15 设置【色阶】后效果图

9.回到【图层】面板,复制 Alphal,新建一个图层,并设置【图层混合模式】为"滤色"。

10.选择新建的图层,选择【图层】→【图层样式】→【外发光】,如图 4-3-16 和图 4-3-17 所示。

11.选择新建的图层,并选择【图层】→【图层蒙版】→【显示全部】,设置前景色为黑色,使用画笔工具,在光线底部涂抹,使光线从字体发出去,如图 4-3-18 所示。

12.设置前景色为红色,输入"预祝北京 2008 年奥运会举办成功"、"同一个世界,同一个梦想"字体,并对字体进行【描边】、【斜面和浮雕】处理,如图 4-3-19 所示。

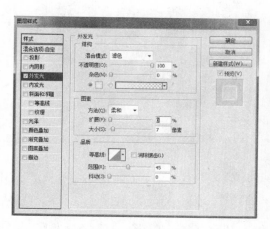

图 4-3-16 【外发光】对话框

图 4-3-17 设置【外发光】后效果图

图 4-3-18 使用【画笔工具】后效果图

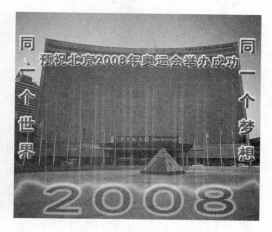

图 4-3-19 对字体处理后效果图

【知识链接】

一、模糊滤镜

可以光滑边缘太清晰或对比度太强烈的区域,产生晕开或模糊的效果以柔化边缘,还可以制作柔和的阴影,其原理是减少像素间的差异,使明显的边缘模糊或使突出的部分与背景更接近,菜单如图 4-3-20 所示。

1. 动感模糊

【动感模糊】可以产生运动模糊,它是模仿物体运动时曝光的摄影手法,增加图像的运动效果,打开本案例【素材】→【4-3c.jpg】文件,选择【动感模糊】,效果如图 4-3-21 所示。可以对模糊的方向及强度进行控制,还可以通过使用选区或图层来控制运动模糊的效果区域。这种方法常用来制作网站或广告等作品的装饰线条,给人一种运动的感觉。

图 4-3-20 【模糊滤镜】菜单

图 4-3-21 【动感模糊】效果

2. 平均

【平均】滤镜可将图像中的所有颜色进行平均化,从而得到一种颜色,打开本案例【素材】→【4-3d.jpg】文件,选择【平均】,效果如图 4-3-22 所示。

图 4-3-22 【平均】滤镜效果

3. 模糊和进一步模糊

【模糊】和【进一步模糊】滤镜可在图像中有显著颜色变化的地方消除杂色。【模糊】滤镜通过减少相邻像素之间的颜色对比来平滑图像。它的效果轻微,能非常轻柔地柔和明显的边缘和突出的形状,打开本案例【素材】→【4-3e.jpg】文件,选择【模糊】,效果如图 4-3-23 所示;【进一步模糊】滤镜与【模糊】滤镜的效果相似,但它的模糊长度大约是【模糊】滤镜的 3～4 倍,效果如图 4-3-24 所示。

图 4-3-23 【模糊】效果　　　　　　　　图 4-3-24 【进一步模糊】效果

4. 特殊模糊

【特殊模糊】可以产生一种清晰边界,它自动找到图像的边缘并只模糊图像的内部区域,打开本案例【素材】→【4-3f.jpg】文件,选择【特殊模糊】,效果如图 4-3-25 所示。它很有用的一项功能是可以去除图像皮肤色调中的斑点。

图 4-3-25 【特殊模糊】效果

5. 镜头模糊

【镜头模糊】可以模拟镜头景深产生模糊效果,打开本案例【素材】→【4-3g.jpg】文件,选择【镜头模糊】,效果如图 4-3-26 所示。

图 4-3-26 【镜头模糊】效果

6. 高斯模糊

【高斯模糊】可以直接根据高斯算法中的曲线调节像素的色值,控制模糊程度,造成难以辨认的浓厚的图像模糊。该对话框只包括一个控制参数,【半径】取值范围是 0.1~250。它以像素为单位,受图像分辨率的影响。大图可以取较大的值,取值越大,滤镜的速度越慢。

1)打开本案例【素材】→【4-3b.jpg】图像,如图 4-3-27 所示。在图层面板中复制当前图层,按【Ctrl】键单击这个图像,将其载入选区。将图层副本放在底下,填充黑色,如图 4-3-28 所示。

2)选择【滤镜】→【模糊】→【高斯模糊】命令,设置如图 4-3-29 所示。最后在通过【移动工具】移动复制图层,移动到适合的位置,投影就制作完成了,如图 4-3-30 所示。

7. 径向模糊

【径向模糊】属于特殊效果滤镜。使用该滤镜可以将图像旋转成圆形或从中心辐射图像。其包括 4 个控制参数:【数量】参数,控制明暗度效果,并决定模糊的强度,取值范围是 1~100;

【模糊方法】参数,提供【旋转】和【缩放】2 个单选选项;【品质】参数,对话框包括 3 个选项;【中心模糊】参数使用鼠标拖动辐射模糊中心,校对整幅图像的位置,如果放在图像的中心则产生旋转效果,放在一边则产生运动效果。打开素材【4-2b.jpg】,设置如图 4-3-31 所示,最终效果如图 4-3-32 所示。

图 4-3-27　素材效果图

图 4-3-28　复制填充效果图

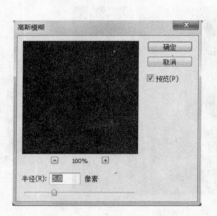

图 4-3-29　【高斯模糊】对话框

图 4-3-30　使用【高斯模糊】后效果图

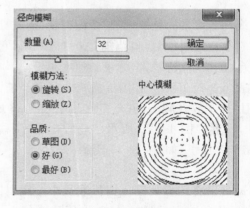

图 4-3-31　【径向模糊】对话框

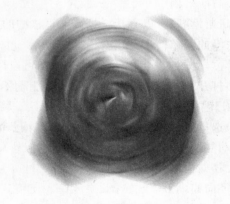

图 4-3-32　使用【径向模糊】后效果图

二、艺术效果滤镜

艺术效果滤镜可以模仿自然或传统介质效果。

1. 彩色铅笔

使用彩色铅笔在纯色背景上绘制图像，保留重要边缘，外观呈粗糙阴影线；纯色背景色透过比较平滑的区域显示出来；若要制作羊皮纸效果，可以将彩色铅笔滤镜应用于所选区域之前更改背景色，如图 4-3-33 所示。

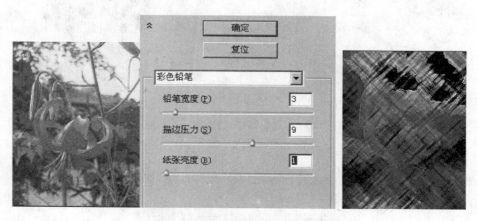

图 4-3-33 【彩色铅笔】设置及效果图

2. 木刻

该滤镜将图像描绘成好像是由从彩纸上剪下的边缘粗糙的剪纸片组成的。高对比度的图像看起来呈剪影状，而彩色图像看上去是由几层彩纸组成的，如图 4-3-34 所示。

图 4-3-34 【木刻】设置及效果图

3. 粗糙蜡笔

该滤镜使图像看上去好像是用彩色粉笔在带纹理的背景上描过边。在亮色区域，粉笔看上去很厚，几乎看不见纹理；在深色区域，粉笔似乎被擦去了，使纹理显露出来，如图 4-3-35 所示。

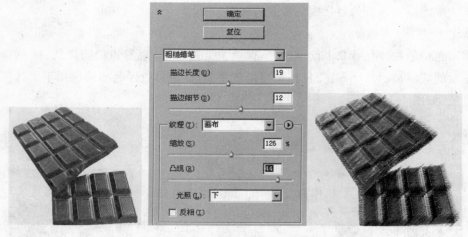

图 4-3-35 【粗糙蜡笔】设置及效果图

4. 涂抹棒

该滤镜可以柔化图像的暗部区域,增强图像的亮部区域,如图 4-3-36 所示。

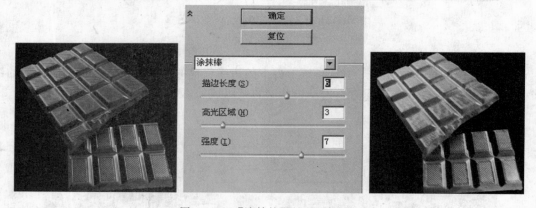

图 4-3-36 【涂抹棒】设置及效果图

5. 底纹效果

该滤镜在带纹理的背景上绘制图像,然后将最终图像绘制在该图像上,如图 4-3-37 所示。

6. 霓虹灯光

该滤镜将各种类型的发光添加到图像中的对象上,在柔化图像外观时给图像着色很有用。若要选择一种发光颜色,单击发光框,并从拾色器中选择一种颜色,如图 4-3-38 所示。

7. 塑料包装

该滤镜给图层上一层光亮的塑料,以强调表面细节。

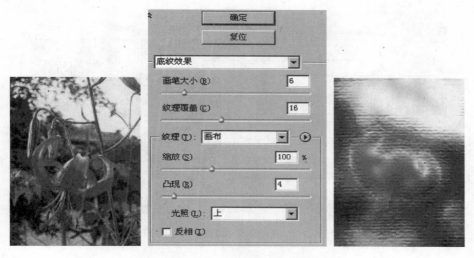

图 4-3-37 【底纹效果】设置及效果图

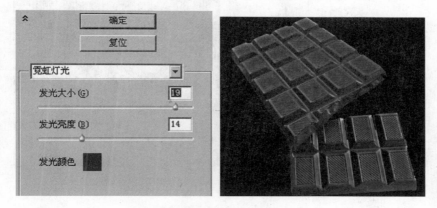

图 4-3-38 【霓虹灯光】设置及效果图

8. 壁画

该滤镜使用短而圆的、粗略轻涂的小块颜料,以一种粗糙的风格绘制图像。

9. 干画笔

该滤镜使用干画笔技术绘制图像边缘。通过将图像的颜色范围降到普通颜色范围来简化图像。

10. 绘画涂抹

该滤镜可以选取各种大小和类型的画笔来创建绘画效果。画笔类型包括简单、未处理光照、暗光、宽锐化、宽模糊和火花,如图 4-3-39 所示。

11. 海报边缘

根据设置的海报化选项减少图像中的颜色数量,并查找图像的边缘,在边缘上绘制黑色线条。图像中大而宽的区域有简单的阴影,而细小的深色细节遍布图像,如图 4-3-40 所示。

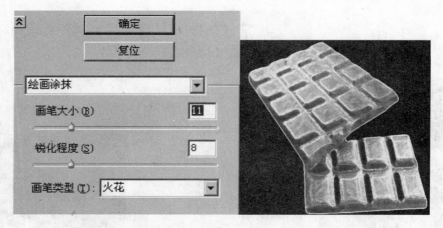

图 4-3-39 【绘画涂抹】设置及效果图

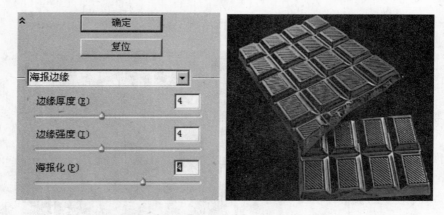

图 4-3-40 【海报边缘】设置及效果图

12. 海绵

使用颜色对比强烈、纹理较重的区域创建图像,使图像看上去好像是用海绵绘制的。

13. 水彩

以水彩的风格绘制图像,简化图像细节。当边缘有显著的色调变化时,此滤镜会使颜色饱满。

14. 胶片颗粒

【胶片颗粒】滤镜在消除混合的条纹和将各种来源的图像在视觉上进行统一时非常有用,将平滑图案应用于图像阴影色调和中间色调,将一种更平滑、饱和度更高的图案添加到图像亮区。

15. 调色刀

该滤镜减少图像中的细节以生成描绘很淡的画面效果,可以显示出下面的底纹。

【参考案例】

松山学院桌面平面广告最终效果如图 4-3-41 所示。

图 4-3-41 松山学院桌面平面广告最终效果图

操作提示：魔棒工具、移动工具、自由变换、文字工具、外挂滤镜。

案例四 幸福达人养成计划图书封面设计

【案例分析】

封面是一本书的脸面，是一位不说话的推销员。好的封面设计不仅能吸引读者，使其"一见钟情"，而且耐人寻味，爱不释手。封面设计一般包括书名、编著者名、出版社名等文字，以及体现书的内容、性质、题材的装饰形象、色彩和构图。本案例的难点是"任务 2 制作特效字"，需要用到【位移】滤镜、【模糊】滤镜、【图层样式】等命令。

【任务设计】

任务 1 制作渐变背景。

任务 2 制作特效文字。

任务 3 添加其他效果。

【完成任务】

任务 1 制作渐变背景

1.新建文件，单击【文件】→【新建】命令，设置宽 21 厘米，高 29 厘米，背景内容为白色，分辨率为 150 像素/英寸，【颜色模式】设置为"RGB"，单击【▇渐变工具】图标，在【渐变编辑器】中设置参数如图 4-4-1 所示。

2.选择【▇线性渐变】，在背景层中自下向上直线拉动鼠标，为背景上色，效果如图 4-4-2 所示。

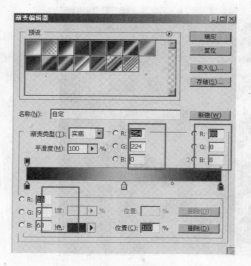

图 4-4-1　设置渐变编辑器　　　　　　　　　　　图 4-4-2　为背景上色

　　3. 选择【钢笔工具】,在图形下方绘制出如图 4-4-3 所示的封闭路径,按【Ctrl＋Enter】键,将路径转换成选区,单击【图层】面板上的【新建图层】按钮,新建一图层,选择【填充工具】,设置填充颜色为紫色(R:76,G:8,B:98),在选区上单击,进行填充,效果如图 4-4-4所示。

　　4. 选中刚填充的图层,将【图层】面板上的【混合模式】设置为"线性减淡",效果如图 4-4-5所示。

图 4-4-3　钢笔路径图　　　　　　图 4-4-4　填充效果　　　　　　图 4-4-5　颜色减淡效果

　　5. 打开本案例【素材】→【4-4a.jpg】,按【Ctrl＋A】键全选,按【Ctrl＋C】键复制,回到主文档,按【Ctrl＋V】键粘贴,按【Ctrl＋T】键调整大小,效果如图 4-4-6 所示,将【图层】面板上的【混合模式】设置为"正片叠底",效果如图 4-4-7 所示。

图 4-4-6 添加素材效果　　　　图 4-4-7 正面叠底效果

任务 2　制作特效文字

1.单击【文件】→【新建】命令,新建一个宽 500 像素、高 500 像素的白色空白文档,设置前景色为淡黄色(R:251,G:250,B:144),然后按【Alt＋Delete】键,为背景图层填充颜色;单击工具箱中的【◯椭圆选框工具】按钮,并按住【Shift】键同时拖动鼠标左键,在画面中依次绘制出大小不同的椭圆形区域,效果如图 4-4-8 所示。

2.双击背景图层,在出现的对话框中按【确定】按钮解锁,然后按【删除】键,删除选择区域内的图形,效果如图 4-4-9 所示。

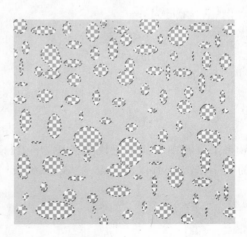

图 4-4-8 绘制椭圆形区域　　　　图 4-4-9 删除选区

3.按【Ctrl＋D】键取消选区,执行【滤镜】→【其他】→【位移】,弹出【位移】对话框,参数设置如图 4-4-10 所示;执行【图像】→【图像大小】命令,弹出【图像大小】对话框,将分辨率改为100,效果如图 4-4-11 所示。

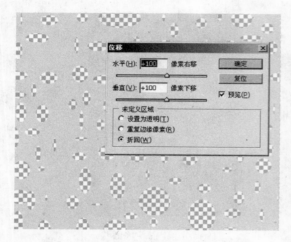

图 4-4-10 【位移】参数设置及滤镜效果

图 4-4-11 修改分辨率效果

4. 执行【编辑】→【定义图案】命令，将刚刚绘制的图形定义为图案，如图 4-4-12 所示。

5. 单击【文件】→【新建】命令，新建一个空白文档，参数设置如图 4-4-13 所示。

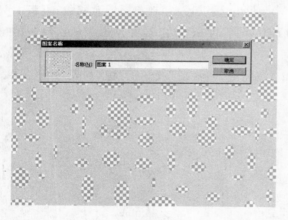

图 4-4-12 定义图案

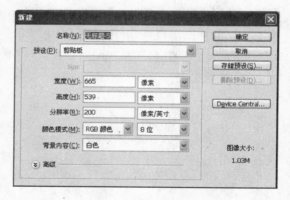

图 4-4-13 新建文档

6. 将工具箱中的前景色设为黑色，单击【横排文字工具】按钮，在画面中输入如图 4-4-14 所示的文字：Happy master plans to develop。

图 4-4-14 输入字母

7. 按住【Ctrl】键单击文字层，为其添加选区，然后单击【图层】面板底部的【删除图层】按钮，在弹出的对话框中单击【是】按钮，将文字层删除，如图 4-4-15 所示。

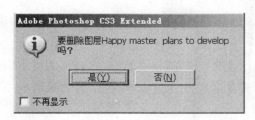

图 4-4-15　删除文字图层

8.单击【图层】面板下方的【新建图层】按钮，新建【图层 1】，执行【编辑】→【填充】命令，在弹出的【填充】对话框中，将【使用】选项设置为"图案"，并选择前面设定的图案 1，如图 4-4-16 所示，填充图案后的文字选区效果如图 4-4-17 所示。

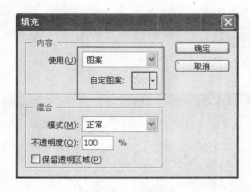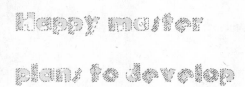

图 4-4-16　填充图案　　　　　　　　图 4-4-17　填充效果

9.取消选择，然后将【图层 1】复制一个图层为【图层 1 副本】，并将其隐藏；选中【图层 1】，按【Ctrl＋U】键，弹出【色相/饱和度】对话框，参数设置如图 4-4-18 所示。

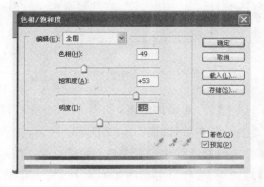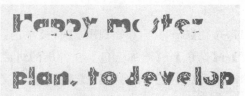

图 4-4-18　调整【色相/饱和度】

10.将【图层 1】连续复制四次，分别生成为【图层 1 副本 2】～【图层 1 副本 5】，如图 4-4-19 所示。

11. 单击工具箱中的【▸⊹移动工具】,确认当前图层为【图层 1 副本 5】,然后在小键盘上按【向下】键 1 次和【向右】键 2 次,将文字向右下角轻微移动。

12. 将【图层 1 副本 4】设置为当前图层,然后按【向下】键 3 次和【向右】键 3 次,将【图层 1 副本 4】向右下角轻微移动。

13. 将【图层 1 副本 3】设置为当前图层,按【向下】键 5 次和【向右】键 5 次,将【图层 1 副本 3】向右下角轻微移动,然后执行【编辑】→【调整】→【亮度/对比度】命令,在弹出的对话框中将【亮度】参数设置为"－40"。

14. 将【图层 1 副本 2】设置为当前图层,按【向下】键 7 次和【向右】键 6 次,将【图层 1 副本 2】向右下角轻微移动,然后执行【亮度/对比度】在弹出的对话框中将【亮度】参数设置为"－60"。

15. 将【图层 1】设置为当前图层,按【向下】键 9 次和【向右】键 8 次,将【图层 1】向右下角移动,然后执行【亮度/对比度】在弹出的对话框中将【亮度】参数设置为"－70";将【图层 1】与【图层 1 副本 2】～【图层 1 副本 5】合并,效果如图 4-4-19 所示。

16. 执行【滤镜】→【模糊】→【高斯模糊】,在弹出的对话框中设置参数为"1.5 像素",如图 4-4-20 所示。

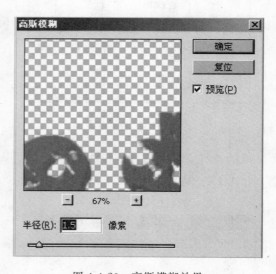

图 4-4-19 【图层 1】 图 4-4-20 高斯模糊效果

17. 按住【Ctrl】键,单击【图层】面板中的【图层 1】,为其添加选区,如图 4-4-21 所示;执行【滤镜】→【杂色】→【添加杂色】,在弹出的对话框中设置参数,如图 4-4-22 所示。

18. 执行【滤镜】→【模糊】→【动感模糊】,在弹出的对话框中设置参数,如图 4-4-23 所示。

19. 按住【Ctrl＋U】键,弹出【色相/饱和度】对话框,参数设置如图 4-4-24 所示。

20. 按住【Ctrl＋L】键,弹出【色阶】对话框,参数设置如图 4-4-25 所示。

21. 取消选区,然后在图层面板中将【图层 1 副本】层显示,效果如图 4-4-26 所示。

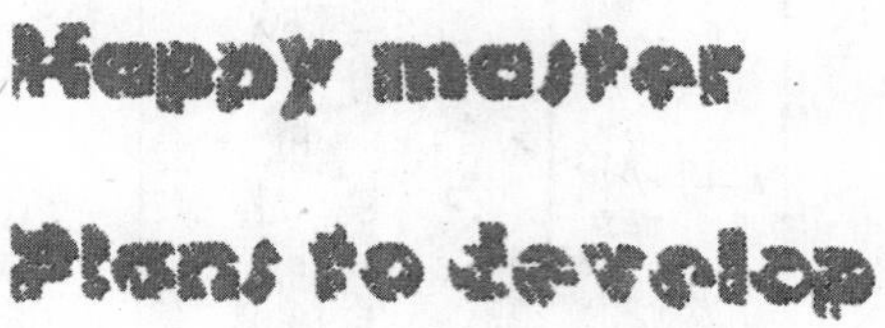

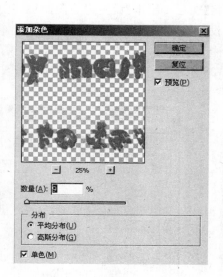

Happy master

Plans to develop

图 4-4-21 添加选区

图 4-4-22 添加杂色

图 4-4-23 动感模糊

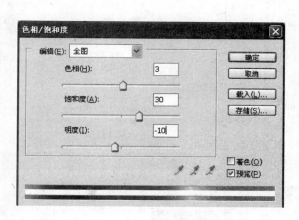

图 4-4-24 色相/饱和度

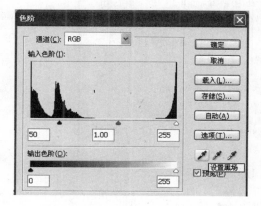

图 4-4-25 色阶

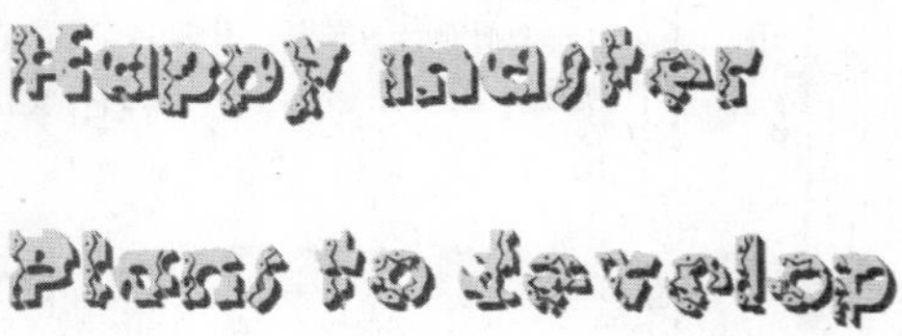

图 4-4-26 显示【图层1副本】

22.将【图层 1 副本】设置为当前图层,然后执行【图层】→【图层样式】→【斜面和浮雕】命令,参数设置如图 4-4-27 所示。

23.将【图层 1】设置为当前图层,然后执行【图层】→【图层样式】→【投影】命令,参数设置如图 4-4-28 所示。

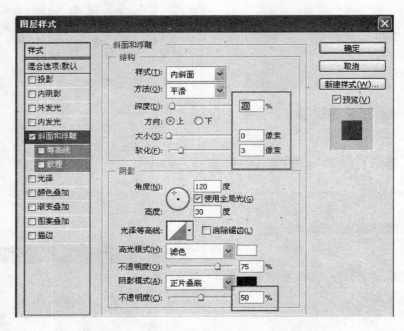

图 4-4-27 【图层 1 副本】的斜面和浮雕效果

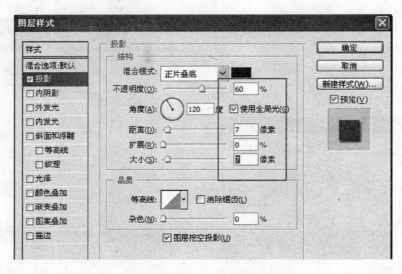

图 4-4-28 【图层 1】的投影效果

24.将特效文字放入主文档中,并调整效果如图 4-4-29 所示。

图 4-4-29 放入特效文字效果

任务 3 添加其他效果

1. 添加出版社名称及标志，放到封面右下角。打开【本案例】→【素材】→【4-4b. png】文件，用【🔍魔棒工具】选中，将其拖动到主文档中，单击【图层】→【新建图层◫】按钮，选择【**T**横排文字工具】，输入"机械工业出版社"和英文名称"China Machine Press"，颜色为"R：251，G：250，B：144"，字号为"24"，字体为"华文新魏"，如图 4-4-30 所示。

图 4-4-30 放入出版社及标志文字

2. 添加文字"最畅销的心理教育书籍《幸福达人养成计划》"，单击【图层】→【新建图层◫】按钮，选择【▢矩形选框工具】，设置填充色由"R：16，G：9，B：63"到"R：88，G：8，B：8"颜色的线性渐变，打开本案例【素材】→【4-4c. jpg】文件，拖至主文档中，效果如图 4-4-31 所示。

图 4-4-31 添加文字效果

3. 选择【▣圆角矩形选框工具】,画出圆角矩形,按【Ctrl+Enter】键转换成选区,设置填充色为"白色",透明度"65％",同样添加素材【4-4c.jpg】文件,调整大小,设置混合模式为"亮度"。复制出同样圆角矩形 4 个,如图 4-4-32 所示。

图 4-4-32　添加提示内容文字效果

4. 添加封面内容介绍文字"怎样养成积极心态、怎样打造快乐基因、怎样平衡压力、怎样面对内心冲突、怎样处理人际关系",文字设置属性如图 4-4-33 所示。

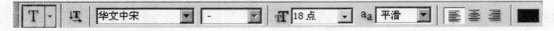

图 4-4-33　文字属性栏

5. 添加主编、副主编等文字信息,最终效果如图 4-4-34 所示。

图 4-4-34　最终效果图

【知识链接】

一、其他滤镜

可用来创建自己的滤镜，也可以修饰图像的某些细节部分，如图 4-4-35 所示。

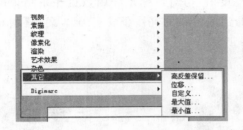

图 4-4-35　其他滤镜

1. 高反差保留

【高反差保留】滤镜用来删除图像中亮度逐渐变化的部分，而保留色彩变化最大的部分，使图像中的阴影消失而突出亮点。打开本案例【素材】→【4-4d.jpg】文件，选择【高反差保留】，效果如图 4-4-36 所示。

原图　　　　　　　　　半径值为100像素效果　　　　　　　半径值为10像素效果

图 4-4-36　【高反差保留】效果

2. 移位

【移位】滤镜可以在参数设置对话框里设置参数值来控制图像的偏移，打开本案例【素材】→【4-4e.jpg】文件，选择【移位】，效果如图 4-4-37 所示。

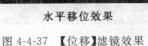

原图　　　　　　　　　水平移位效果　　　　　　　　　垂直移位效果

图 4-4-37　【位移】滤镜效果

3. 自定义

【自定义】滤镜可以使用户定义自己的滤镜。用户可以控制所有被筛选的像素的亮度值。每一个被计算的像素由编辑框组中心的编辑框来表示。工作时，Photoshop 重新计算图像或选择区域中的每一个像素亮度值，与对话框矩阵内数据相乘结果的亮度相加，除以 Scale 值，再与 Offset 值相加，最后得到该像素的亮度值。打开本案例【素材】→【4-4f.jpg】文件，选择【自定义】，效果如图 4-4-38 所示。

原图 自定义后效果

图 4-4-38 【自定义】滤镜效果

4. 最大值

【最大值】滤镜向外扩展白色区域并收缩黑色区域。打开本案例【素材】→【4-4g.jpg】文件，选择【最大值】，效果如图 4-4-39 所示。

图 4-4-39 【最大值】效果

5. 最小值

【最小值】滤镜向外扩展黑色区域并收缩白色区域。打开本案例【素材】→【4-4h.jpg】文件，选择【最小值】，效果如图 4-4-40 所示。

图 4-4-40 【最小值】效果

二、杂色滤镜组

【杂色】滤镜添加或移去杂色或带有随机分布色阶的像素。这有助于将选区混合到周围的像素中。【杂色】滤镜可创建与众不同的纹理或移去有问题的区域，如灰尘和划痕。

1. 添加杂色

将随机像素应用于图像，模拟在高速胶片上拍照的效果。也可以使用【添加杂色】滤镜来减少羽化选区或渐进填充中的条纹，或使经过重大修饰的区域看起来更真实。打开本案例【素材】→【4-4i.jpg】文件，选择【添加杂色】，效果如图 4-4-41 所示。

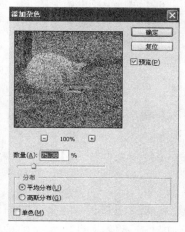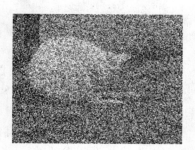

图 4-4-41　【添加杂色】参数及效果

杂色分布选项包括【平均分布】和【高斯分布】。【平均分布】使用随机数值（介于 0 以及正/负指定值之间）分布杂色的颜色值以获得细微效果。【高斯分布】沿一条钟形曲线分布杂色的颜色值以获得斑点状的效果。【单色】选项将此滤镜只应用于图像中的色调元素，而不改变颜色。

2. 去斑

检测图像的边缘的区域，并模糊除那些边缘外的所有选区。该模糊操作会移去杂色，同时保留细节。打开本案例【素材】→【4-4j.jpg】文件，选择【去斑】，效果如图 4-4-42 所示。

图 4-4-42　【去斑】效果

3. 蒙尘与划痕

通过更改相异的像素减少杂色。为了在锐化图像和隐藏瑕疵之间取得平衡，请尝试【半径】与【阈值】设置的各种组合。打开本案例【素材】→【4-4k.jpg】文件，选择【蒙尘与划痕】，效果如图 4-4-43 所示。

图 4-4-43 【蒙尘与划痕】参数及效果

4. 中间值

通过混合选区中像素的亮度来减少图像的杂色。【中间值】滤镜搜索像素选区的半径范围以查找亮度相近的像素，扔掉与相邻像素差异太大的像素，并用搜索到的像素的中间亮度值替换中心像素。打开本案例【素材】→【4-4l.jpg】文件，选择【中间值】，效果如图 4-4-44 所示。

图 4-4-44 【中间值】参数及效果

5. 减少杂色

在基于影响整个图像或各个通道的用户设置保留边缘的同时减少杂色。打开本案例【素材】→【4-4m.jpg】文件，选择【减少杂色】，效果如图 4-4-45 所示。

【参考案例】

MAMA & BABY 杂志封面效果，效果如图 4-4-46 所示。

图 4-4-45　【减少杂色】效果

图 4-4-46　MAMA BABY 杂志封面效果

操作提示：文字工具、图层样式、渐变填充、复制图层、图层混合模式、杂色滤镜、模糊滤镜。

<h1 align="center">案例五　环保宣传画设计</h1>

【案例分析】

宣传画一般都张贴或绘制在引人注目、行人集中的公共场所，通过直接面向群众、影响人心而及时地发挥社会作用。作为中国环保主题的宣传画，它具有保护环境、保护森林的作用。宣传画中把"森林、老虎"通过【蒙版】、【外挂滤镜】等工具融合在一起，体现"爱护大自然，爱护动物"的主题。

【任务设计】

任务 1 对所需要素材进行调整。

任务 2 利用外挂滤镜对环保宣传画排版。

【完成任务】

任务 1 对所需要素材进行调整

1.打开本案例【素材】→【4-5a.jpg】,按下【Ctrl+A】全选图像,按下【Ctrl+C】复制。

2.打开本案例【素材】→【4-5b.jpg】,如图 4-5-1 所示,用【魔棒工具】单击图像的中间区域将其选中,成为选区。

3.单击【编辑】→【贴入】命令,将【4-5a.jpg】图像粘贴到【4-5b.jpg】中,如图 4-5-2 所示。

图 4-5-1 【4-5b.jpg】图像效果图 　　　　　图 4-5-2 贴入【4-5b.jpg】效果图

4.【贴入】的结果,在图层面板上自动生成了一个带蒙版的图层 1,如图 4-5-3 所示。

5.将鼠标指向【蒙版】图标,单击右键,调出快捷菜单,在【应用图层蒙版】上单击左键,将该蒙版应用到森林图层中,结果为图层 1,如图 4-5-4 所示。

图 4-5-3 在图层生成【蒙版】效果图 　　　　图 4-5-4 【应用图层蒙版】效果图

任务 2　利用外挂滤镜对环保宣传画排版

1.按下【Ctrl】键,同时在图层面板上单击图层 1,使地图成为选区。

2.单击【滤镜】→【Eye Candy 4000】→【内斜角】,打开相应的对话框设置参数,如图 4-5-5、图 4-5-6 和图 4-5-7 所示,设置后效果如图 4-5-8 所示。

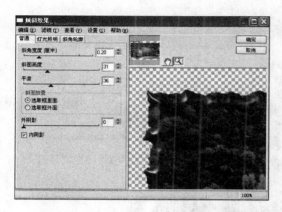

图 4-5-5　【内斜角-普通】设置效果图

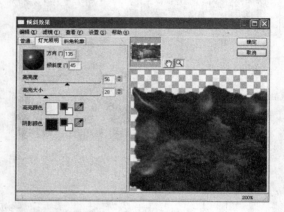

图 4-5-6　【内斜角-灯光照明】设置效果图

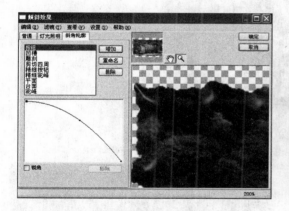

图 4-5-7　【内斜角-斜角轮廓】设置效果图

图 4-5-8　【内斜角】设置后效果图

3.打开本案例【素材】→【4-5c.jpg】,用【　磁性套索工具】将其选中,再单击【移动工具】,将老虎拖到底图中。按下【Ctrl+T】,将老虎图像等比例缩小,如图 4-5-9 所示,移到合适的位置。

4.将老虎所在层设为当前层,单击【图像】→【调整】→【亮度/对比度】菜单命令,弹出参数设置对话框,如图 4-5-10 所示,设置后效果如图 4-5-11 所示。

5.单击【横排文字工具】,设置文字的字体、大小等。在画面中合适的位置输入文字"保护你我共同的家园",右键单击文字图层,选择栅格化命令,如图 4-5-12 所示。

6.用【矩形选框工具】选取文字"保护你我",单击【编辑】→【变换】→【旋转 90 度（逆时针）】菜单命令,将其逆时针旋转 90 度,用移动工具将其移到相应位置;用同样的方法将"共"字旋转 45 度并移到相应位置;再用【矩形选框工具】选取"同的家园"并进行移动,效果如图 4-5-13 所示。

图 4-5-9 【缩放老虎】图像效果图

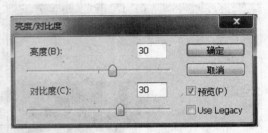

图 4-5-10 【亮度/对比度】对话框效果图

图 4-5-11 设置【亮度/对比度】后效果图

图 4-5-12 输入字体效果图

图 4-5-13 对字体变形处理效果图

7.单击【图层】→【图层样式】→【斜面和浮雕】,进行参数设置,如图 4-5-14 所示,按【确定】完成环保宣传画设计,如图 4-5-15 所示。

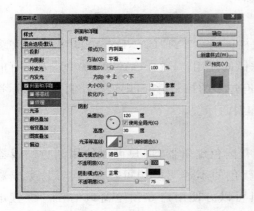

图 4-5-14 【斜面和浮雕】设置　　　　图 4-5-15 环保宣传画效果图

【知识链接】

一、外挂滤镜安装

　　Photoshop 的滤镜是一种植入 Photoshop 的外挂功能模块，世界上有很多的公司开发了各种各样的插件来制作特效。Photoshop 中安装滤镜，"EYE CANDY4000"方法其实是很简单的，任何 Photoshop 滤镜插件都可以通过以下安装方法进行安装：

　　1）下载 Photoshop 滤镜，解压安装后，打开安装目录，一般滤镜文件的扩展名为"8bf"，只要将这个文件复制到 Photoshop 目录下的"Plug-ins"目录下面就可以了。例如，在电脑上需要复制到"C:\Program Files\Adobe\Photoshop CS2\Plug-Ins"，如果这个滤镜自带安装程序，安装的时候指定好 Photoshop 的这个滤镜目录就可以了。一般滤镜安装完毕以后，会出现在"Filters"菜单下面。

　　另外，如果安装了大量的 Photoshop 滤镜，但又不是经常使用，建议先把它删除，因为 Photoshop 启动时都需要初始化这些滤镜，也就是说会减慢启动过程。

　　2）安装外挂滤镜后，在滤镜菜单中就可以应用外挂滤镜了，如图 4-5-16 所示。

图 4-5-16 安装外挂滤镜后效果图

二、EYE CANDY 4000 新特性

1. 全新的操作界面

在保留 3.1 版本界面的紧凑、整齐和易用的风格同时，"EYE CANDY 4000"引入了许多全新的操作指令，为了使用户能迅速掌握每一种滤镜的使用，"EYE CANDY 4000"为所有的元素都赋予了鼠标同步说明系统，如果某个滤镜没有过多的控制滑杆，则这些控制滑杆以标签形式出现，以方便作用。许多滤镜中有光照、颜色和斜面标签。

2. 渐色编辑器

在火焰、渐色辉光、烟雾和星形四种滤镜中设有渐色编辑器，用户可以使用渐色编辑器来生成各种不同的色彩效果，颜色交换点及各种颜色的不透明度均可控制，很容易生成彩虹、光晕、发热、发光等各种多彩效果，而吸管工具可以方便用户在预览窗口的任意位置迅速取色。

3. 真实绝对参数单位（仅适用于 PhotoShop）

对普通用户来说，"EYE CANDY 4000"最重要的改变之一不仅是界面的变化。现在，通过指定绝对单位可以生成同解像度无关联的特效，在"EYE CANDY 4000"中，各种滑杆的参数是以在 Photoshop 中用户选择的测量单位（如英寸、厘米等）为基础的，就是说在 300dpi 解像度条件下的各种参数设置形成的效果将完全等同于在 72dpi 条件下的效果，对那些经常从事从印刷品转到网络发布或者通过显示器进行印前校样的图形设计师来说，这个特性无疑可以节省大量的时间。

4. 无缝拼图

在柔毛、HSB 噪点、轻舞、理石、漩涡、水滴和木纹滤镜中，可以实现无缝拼图，所以很容易为 WEB 页、游戏和多媒体表象制作纹理背景。

【参考案例】

三峡风光宣传广告效果如图 4-5-17 所示。

图 4-5-17 【三峡风光宣传广告】效果图

操作提示：选框工具、渐变工具、文字工具、素描滤镜、EYE CANDY4000 外挂滤镜。

案例六 儿童系列易拉宝设计

【案例分析】

易拉宝设计效果应简洁大方,整体张贴效果协调,色彩鲜明合理,才能够吸引参观者眼球。易拉宝容易摆放,成本投入比较低,对产品和一些信息能进行更好的宣传。易拉宝是目前会议、展览、销售宣传等场合使用最普遍的便携展具之一。本案例使用外挂滤镜、文字、自定义图形等工具设计,使人物和商品紧密结合,吸引人们的注意力,更好地宣传商品。

【任务设计】

任务1 易拉宝背景图形效果设计。

任务2 文字排版及整体版面设计。

【完成任务】

任务1 易拉宝背景图形效果设计

1.新建一个 20cm×47cm、分辨率为 300 像素/英寸的文件。按【Ctrl＋R】键打开标尺,选择【视图】→【新建参考线】命令,为海报创建参考线:在水平方向的 27cm 位置上创建一根参考线,在垂直方向的 10cm 的位置上创建一根参考线,如图 4-6-1 所示。

2.新建"图层1",填充黄色【R:250,G:191,B:0】,再新建"图层2",使用【钢笔工具】绘制路径,如图 4-6-2 所示。

图 4-6-1 创建【参考线】效果图

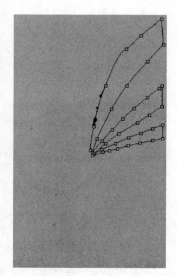

图 4-6-2 钢笔路径的创建

3.按【Ctrl＋Enter】键,将路径转换为选区,选择【渐变工具】→【线性渐变】,颜色由【R:255,G:226,B:23】至【R:238,G:229,B:114】渐变,从中心向右上角拖动,如图 4-6-3 所示。

4.选中"图层2",右键单击选择【复制图层】命令,按【Ctrl＋V】键粘贴,选择【编辑】→【变换】→【水平翻转】命令,作出上半部分效果,用同样的办法作出下半部分效果;选择【图层】→【合并图层】命令,如图 4-6-4 所示。

图 4-6-3　图案填充效果　　　　　图 4-6-4　背景效果图

　　5. 打开本案例【素材】→【4-6a. jpg】，选择【魔棒工具】，容差为 15. 在白色背景层上单击，选择【选择】→【反相】命令，为图案创建选区，如图 4-6-5 所示；选择【移动工具】，将其拖动到主文档中，按【Ctrl＋T】键调整大小和位置，如图 4-6-6 所示。

图 4-6-5　选区的创建　　　　　图 4-6-6　添加素材后效果

任务 2　文字排版及整体版面设计

　　1. 打开本案例【素材】→【4-6b. psd】，选择【魔棒工具】，容差为 15. 在白色背景层上单击，选择【选择】→【反相】命令，为图案创建选区；选择【移动工具】，将其拖动到主文档中，按【Ctrl＋T】键调整大小和位置，如图 4-6-7 所示。

　　2. 新建一个"图层 3"，使用【椭圆选框工具】，绘制一个椭圆，使用【线性渐变】工具，颜色由【R:191，G:111，B:35】至【R:255，G:255，B:255】渐变，从左下向右上角拖动；选择【横排文字工具】，输入"钙奶饼干"，字体：华文琥珀，字号：72 点；选择【图层】→【图层样式】→【外发光】命令,如图 4-6-8 所示。

3. 使用【横排文字工具】,输入其他文字,如图 4-6-9 所示。

图 4-6-7　素材【4-8b. psd】添加效果　　图4-6-8　输入【钙奶饼干】效果图　　图 4-6-9　其他文字效果

4. 打开本案例【素材】→【4-6c. psd】文件,如图 4-6-10 所示,选择【移动工具】将其拖到主文档中,并调整位置,效果如图 4-6-11 所示。

图 4-6-10　【4-6c. psd】素材　　　　图 4-6-11　移动【4-6c. psd】素材后效果图

5. 使用【钢笔工具】,绘制一个路径,选择【横排文字工具】沿路径输入"牛黄酸",选择【图层】→【图层样式】→【描边】,设置如图 4-6-12 所示,效果如图 4-6-13 所示。

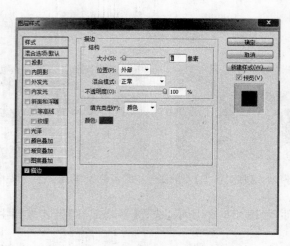

图 4-6-12　【描边】对话框

图 4-6-13　添加文字描边后效果图

6.选择【⚙自定义形状工具】,选择其中的"Raindrop"形状,在下面绘制一个"雨点",填充白色;选择【图层】→【图层样式】→【描边】,添加红色描边,效果如图 4-6-14 所示。

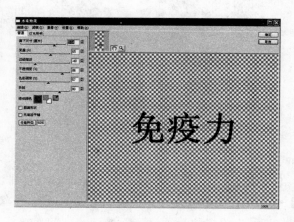

图 4-6-14　绘制"雨点"后效果图

图 4-6-15　【水珠效果】设置

7.选择工具箱中的【横排文字工具】，输入"促进大脑发育　提高免疫力"，并填充黑色，选择【滤镜】→【EYE CANDY 4000】→【水珠效果】，设置如图 4-6-15 所示，最终效果如图 4-6-16 所示。

图 4-6-16　"儿童系列易拉宝"效果图

【知识链接】

一、木材滤镜

【木材】滤镜通过控制形变，年轮色彩，木节点及粒度来生成各种逼真的木质效果。木材滤镜是"EYE CANDY4000"中最精彩的滤镜之一，它的逼真程度真是令人叹服。

1）新建一个文件，使用【横排文字工具】，输入"火焰"，如图 4-6-17 所示。

2）使用【滤镜】—【EYE CANDY4000】→【木材滤镜】，效果如图 4-6-18 所示。

图 4-6-17　"火焰"字效果图　　　　　　　图 4-6-18　使用【木材滤镜】后效果图

二、烟雾滤镜

【烟雾滤镜】可以生成烟、阴霾、雾、烟气等多种同类型的自然烟雾效果，全新的色移渐变编辑器提高了生成多种效果的选择范围，可控参数有方向、紊流、渐细、长度、模糊等。

1)新建一个文件,使用【横排文字工具】,输入"火焰"。

2)使用【滤镜】→【EYE CANDY4000】→【烟雾滤镜】,效果如图 4-6-19 所示。

三、火焰滤镜

【火焰滤镜】可以生成各种不同样式的火焰和类似火苗的效果。

1)新建一个文件,使用【横排文字工具】,输入"火焰"。

2)使用【滤镜】→【EYE CANDY4000】→【火焰滤镜】,效果如图 4-6-20 所示。

图4-6-19　使用【烟雾滤镜】后效果图　　　　　图4-6-20　使用【火焰滤镜】后效果图

【参考案例】

老人系列易拉宝设计最终效果如图 4-6-21 所示。

图 4-6-21　老人系列易拉宝效果图

操作提示:魔棒工具、钢笔工具、横排文字工具、EYE CANDY4000 外挂滤镜。

参 考 文 献

[1]吴建平.Photoshop 图形图像处理技术及实训[M].北京:北京交通大学出版社,2008.

[2]晓青.Photoshop CS3 中文版实例教程[M].北京:人民邮电出版社,2008.

[3]腾龙视觉设计工作室.Photoshop CS2 现代商业海报设计与制作[M].北京:机械工业出版社,2006.

[4]张颖,张轶.Photoshop CS3 中文版平面设计完全自学手册[M].北京:机械工业出版社,2008.

[5]郭万军,等.神奇的美画师 PHOTOSHOP7.0 中文版基础应用全接触[M].北京:中国宇航出版社,2003.

[6]高琳,赵丽.精编 Photoshop CS3 实例教程[M].北京:北京航空航天大学出版社,2009.

[7]郝军启,吴华.Photoshop CS2 图像处理[M].北京:清华大学出版社,2007.

[8]朱仁成,朱艺.Photoshop CS2 平面设计专项实例训练[M].北京:电子工业出版社,2006.

[9]侯冬梅.Photoshop CS4 实训教程[M].北京:清华大学出版社,2010.

[10]文东.Photoshop CS3 平面设计基础与项目实训[M].北京:科学出版社,2010.

[11]易健.Photoshop CS 学与用[M].北京:清华大学出版社,2006.